《特色蔬菜栽培》

编委会

主　　编　毕玉根

副 主 编　张宪光　宋兆文　宁新妍　蒋永涛
　　　　　李　振　张文倩　刘海霞　袁　琳

编写人员（排名不分先后）
　　　　　毕玉根　成惠华　葛　曼　王亚琴
　　　　　吴翠红　张洪旗　郑雪起　张文涛
　　　　　许　谦　毕建峰　聂存侠　朱建强
　　　　　赵庆方　梁成磊　宋月凤　魏成磊
　　　　　成　伟　王　辉　程远洋　张　慧
　　　　　孙　晨　郑忠涛　王晓瑞　肖忠华
　　　　　毕志华

TESE SHUCAI
ZAIPEI

特色蔬菜栽培

毕玉根　主编

中国农业科学技术出版社

图书在版编目（CIP）数据

特色蔬菜栽培／毕玉根主编．—北京：中国农业科学技术出版社，2020.5

ISBN 978-7-5116-4700-9

Ⅰ.①特…　Ⅱ.①毕…　Ⅲ.①蔬菜园艺　Ⅳ.①S63

中国版本图书馆 CIP 数据核字（2020）第 064451 号

责任编辑　徐　毅
责任校对　贾海霞

出 版 者　中国农业科学技术出版社
北京市中关村南大街 12 号　邮编：100081
电　　话　(010)82106631(编辑室)　(010)82109702(发行部)
(010)82109709(读者服务部)
传　　真　(010)82106631
网　　址　http://www.castp.cn
经 销 者　各地新华书店
印 刷 者　北京建宏印刷有限公司
开　　本　880 mm×1 230 mm　1/32
印　　张　9
字　　数　230 千字
版　　次　2020 年 5 月第 1 版　2020 年 5 月第 1 次印刷
定　　价　35.00 元

前　言

乡村振兴战略的内核其实是人才振兴，为加速实施人才振兴，提高农民科技素质、职业技能、经营能力，着力培养一支有文化、懂技术、会经营的新型农民队伍，我们立足鲁西南地区特色优势蔬菜种植，有针对性地编写了《特色蔬菜栽培》一书。

该书的出版，是在原来《特色蔬菜实用栽培技术》基础上的提升，一是兼顾科普和实用，填补了当地在特色优势蔬菜种植技术推广上的空白；二是该书引用了部分最新的科技成果和生产实践，填补了蔬菜实际生产上的一些空白；三是该书紧密结合新型职业农民培育，能够贯穿生产技能培训和跟踪服务的全过程，为实施乡村振兴战略中人才振兴开辟了新途径。

本书共 15 章，内容既有蔬菜栽培技术、蔬菜设施栽培等栽培基础技术，还包括大白菜、黄瓜、西瓜、甜瓜、番茄、茄子、大蒜、山药、马铃薯、芦笋、草莓、西兰花、食用菌等特色蔬菜的实用栽培技术。

由于编者能力有限，加上时间紧迫，不足之处在所难免，恳请同行和广大读者朋友批评指正。

编　者

2020 年 2 月

目　　录

第一章　蔬菜栽培技术

第一节　蔬菜栽培概述

一、蔬菜的定义

“蔬菜”一词，按《说文》注释，“蔬、菜也”，可见“蔬”与“菜”是两个异体同意字。《尔雅》中说：“凡草本可食者通名为蔬”。现代蔬菜及食品专家认为，凡是栽培的一、二年生或多年生草本植物，也包括部分木本植物和菌类、藻类，具有柔嫩多汁的产品器官，可以佐餐的所有植物均可列入蔬菜的范畴。常见蔬菜，如黄瓜、番茄、辣椒、大白菜、萝卜、豇豆、马铃薯、大葱、莲藕、花椰菜等；稀有蔬菜，如芽苗菜、青花菜、生菜、山药、芦笋、香椿等；调味品蔬菜，如花椒、茴香、生姜等；野生蔬菜，如荠菜、马齿苋、鱼腥草、车前草等；食用菌类，如平菇、香菇、木耳、银耳、蘑菇、金针菇等；海藻类，如海带、紫菜等；水果类，如西瓜、甜瓜、草莓等。

二、蔬菜的分类

（一）植物学分类

根据植物学形态特征，按照科、属、种、变种进行分类的方法。现今我国生产的蔬菜包括 32 科 210 种以上，其中，绝大多数属于种子植物，双子叶和单子叶的均有。双子叶植物以十字花科、豆科、茄科、葫芦科、伞形科、菊科为主。单子叶植物以百合科、禾本科为主。植物学分类的优点是可以明确科、属、种在形态、生理上的关系以及遗传上、系统发生上的亲缘关系。

（二）食用部位分类

按照食用部位的分类，可分为根、茎、叶、花、果、种子6类，不包括食用菌等特殊种类。

（1）根菜类。主要有食用肉质根类，如萝卜、胡萝卜、芜菁甘蓝、根用芥菜等；食用块根类，如豆薯、葛等。

（2）茎菜类。主要有地下茎类，如马铃薯、菊芋、姜、藕、芋、慈姑、山药等；地上茎类，如莴苣、茭白、菜薹、石刁柏、榨菜等。

（3）叶菜类。主要有普通叶菜类，如小白菜（青菜）、芥菜、芹菜、菠菜、苋菜、叶用莴苣、叶用甜菜等；结球叶菜类，如结球生菜、结球甘蓝、大白菜等；香辛叶菜类，如葱、芫荽、韭菜、茴香等；鳞茎类，如洋葱、大蒜、百合等。

（4）花菜类。如花椰菜、青花菜、金针菜、朝鲜蓟等。

（5）果菜类。主要包括瓠果类，如黄瓜、南瓜、西瓜、甜瓜、冬瓜、瓠瓜、苦瓜、丝瓜等；茄果类，如茄子、辣椒、番茄等；荚果类，如豇豆、菜豆、刀豆、毛豆、豌豆、蚕豆等。

（6）种子类。籽粒苋、籽用芥菜等。

（三）农业生物学分类

根据蔬菜的农业生物学特性进行分类的方法称为农业生物学分类法。由于农业生物学分类法比较切合生产实际，因此，应用也较为普遍。按照农业生物学分类法，可将蔬菜分为11类。

（1）根菜类。包括萝卜、胡萝卜、大头菜等。其特点：一是以肥大肉质根供食用；二是要求疏松肥沃、土层深厚的土壤；三是第一年形成肉质根，第二年开花结籽。

（2）白菜类。包括大白菜、青菜、芥菜、甘蓝等。其特点：

一是以柔嫩的叶球或叶丛供食用；二是要求土壤供给充足的水分和氮肥；三是第一年形成叶球或叶丛，第二年抽薹开花。

（3）茄果类。包括番茄、辣椒和茄子 3 种蔬菜.。其特点：一是以熟果或嫩果供食用；二是要求土壤肥沃，氮、磷充足；三是此类作物都先育苗，再定植大田；四是不耐严寒，对日照长短的要求不严格。

（4）瓜类。包括黄瓜、西瓜、甜瓜、冬瓜、南瓜、丝瓜、瓠瓜、苦瓜、菜瓜等。其特点：一是以熟果或嫩果供食用；二是要求高温和充足的阳光；三是雌雄异花同株。

（5）豆类。包括豇豆、菜豆、蚕豆、豌豆、毛豆、扁豆等。其特点：一是以嫩荚果或嫩豆粒供食用；二是根部有根瘤菌，进行生物固氮作用，对土壤肥力要求不高；三是除蚕豆、豌豆要求冷凉气候外，均要求温暖气候。

（6）绿叶菜类。包括菠菜、芹菜、苋菜、莴苣、茼蒿、蕹菜等。其特点：一是以嫩茎叶供食用；二是生长期较短；三是要求充足的水分和氮肥。

（7）薯芋类。包括马铃薯、芋、山药、姜等。其特点：一是以富含淀粉的地下肥大的根茎供食用；二是要求疏松肥沃的土壤；三是除马铃薯外生长期都很长；四是耐储藏，为淡季供应的重要蔬菜。

（8）葱蒜类。包括葱、蒜、洋葱、韭菜等。其特点：一是以富含辛香物质的叶片或鳞茎供食用；二是可分泌植物杀菌素，是良好的前作；三是大多数耐储运，可作为淡季供应的蔬菜。

（9）水生蔬菜类。包括茭白、慈姑、藕、水芹、菱、荸荠等。其特点是要求肥沃土壤和淡水层。

（10）多年生蔬菜。包括竹笋、金针菜、石刁柏（芦笋）等。一次繁殖后，可以连续采收多年，除竹笋外，其他种类地上部分每年枯死，以地下根或茎越冬。

(11) 食用菌。包括蘑菇、草菇、香菇、木耳等。其中有的是人工栽培，有的是野生、半野生状态。

第二节　蔬菜生长发育对环境条件的要求及其调控

一、环境条件的内容与相互作用

蔬菜植物生长发育及产品器官的形成，一方面决定于植物本身的遗传特性；另一方面决定于外界环境条件。在生产上，要通过育种技术获得具有新的遗传性状的品种；同时，也通过优良的栽培技术及适宜的环境条件，来控制生长与发育，达到优质高产的目的。

主要的环境条件包括：一是温度：空气温度及土壤温度；二是光照：光的组成，光的强度及光周期；水分空气湿度及土壤湿度；三是水分：空气湿度及土壤湿度；四是土壤：土壤肥力、化学组成、物理性质及土壤溶液的反应，五是空气：大气及土壤空气中氧气（O_2）及二氧化碳（CO_2）的含量，有毒气体的含量，风速及大气压；六是生物条件：土壤微生物、杂草和病虫害以及作物本身的自行遮阴。

所有这些条件，都不是孤立存在，而是相互联系的，对于生长发育的影响，往往是综合作用的结果，例如，阳光充足，温度就随着上升。温度升高，土壤水分的蒸发及植物有蒸腾就会增加。但当茎叶生长繁茂以后，又会遮盖土壤表面，降低土壤水分的蒸发，同时，也增加了地表层空气的湿度，从而对土壤微生物的活动也有不同程度的影响，栽培措施，如翻耕、施肥、灌溉、中耕、除草以及密植程度等，也可改变土壤耕作层的湿度和温度以及群体的小气候。因此，生产上必须全面地考虑各个环境条件的作用，从而对其作出科学合理的调控，以满足蔬菜植物生长发育的需要。

二、温度条件及其调节

在影响蔬菜生长发育的环境条件中，以温度最为敏感，每一种蔬菜的生长发育，对温度都有一定的要求，都有温度的“三基点”，即最低温度，最适温度和最高温度，而一般的“生活温度”（即生长适应的温度）的最高、最低温度，比“生长温度”（即生长适宜的温度）要宽些。超出了最高或最低的范围，生理活动就会停止，甚至全株死亡。认识每一种蔬菜对温度的适应范围以及温度与生长发育的关系，是安排生产季节，获得蔬菜优质高产的重要依据。

（一）蔬菜的需温规律

1. 不同蔬菜种类对温度的要求

根据蔬菜对温度的不同要求，可以将蔬菜分为 5 类。

（1）耐寒性多年生宿根蔬菜。如金针菜，石刁柏（芦笋）、茭白等，它们的地上部分能耐高温，但冬季地上部分枯死，而以地下的宿根越冬（能耐 0℃以下，甚至到-10℃的低温）。

（2）耐寒蔬菜。如菠菜、大葱、大蒜以及白菜类中的某些耐寒品种，能耐-2～-1℃的低温，短期内可以忍耐-10～-5℃。同化作用最旺盛的温度为 15～20℃。

（3）半耐寒蔬菜。如萝卜、胡萝卜、芹菜、莴苣、豌豆、蚕豆以及甘蓝类、白菜类。不能长期忍耐-2～-1℃的低温。它们同化作用的最适温度为 17～20℃；超过 20℃时，同化机能减弱；超过 30℃时，同化作用所积累的物质几乎全为呼吸所消耗。

（4）喜温蔬菜。如黄瓜、番茄、茄子、辣椒、菜豆等。同化作用的最适温度为 20～30℃；超过 40℃，生长几乎停止；而当温度在 10～15℃以下时，授粉不良，引起落花。

（5）耐热蔬菜。如冬瓜、南瓜、丝瓜、西瓜、豇豆、刀豆等。其同化作用的最适温度为30℃左右，其中，西瓜、甜瓜及豇豆等，在40℃的高温下，仍能生长。

2. 不同生育时期对温度的要求

同一种蔬菜的不同生育时期对温度也有不同的要求。如种子发芽时，要求较高的温度。幼苗时期的最适宜生长温度，往往比种子发芽时低些。而营养生长时期，比幼苗期要稍为高些。如果是2年生的蔬菜，如大白菜、甘蓝，则在营养生长的后期，即贮藏器官开始形成的时期，温度又要低些。生殖生长时期（在开花结果时期），要求较高的温度，到种子成熟时，又要更高的温度。

3. 温周期的作用

环境的温度总是变化的，包括季节的变化及昼夜的变化。在1天中白天温度高些，晚上温度低些。植物的生活也适应了这种昼热夜凉的环境，白天有阳光，光合作用旺盛，夜间无光合作用，但仍然有呼吸作用。如果夜间温度低些，可以减少呼吸作用对能量的消耗。因而1天中有周期性的温度变化，对作物的生长与发育反而有利。许多蔬菜都要求有这样变温的环境，才能正常生长。如热带植物的昼夜温差应在3~6℃；温带植物在5~7℃，而对沙漠植物则要相差10℃。这种现象称为温周期。

4. 春化作用

春化作用是指由低温所引起的植物发育上的变化，低温的这种影响是诱导性的，而不是直接的。2年生的蔬菜，包括许多白菜类、根菜类、鳞茎类及一些绿叶蔬菜，都要经过一段低温春化，才能开花结子。这些蔬菜通过春化的方式有所不同，可以分为两大类。

一是萌动种子的低温春化，如白菜、芥菜、萝卜、菠菜、莴苣等。

二是绿体植物（在幼苗时期）的低温春化，如甘蓝、洋葱、大蒜、芹菜等。

5. 高温及低温障碍

蔬菜生长发育要求适宜的温度，但是自然气候的变化是不以人们的意志为转移的，温度过高或过低，都会造成生产上的损失。

在温度过低的环境，生理活性停止，甚至死亡。低温受冻的原因，主要是由于植物组织内的细胞间隙结冰，导致细胞内含物、原生质失去水分，引起原生质理化性质改变。

蔬菜的种类不同，细胞液的浓度也不同，甚至同一种蔬菜在不同的生长季节及不同栽培条件下，细胞液的浓度也不同，因它们的抗寒性（耐寒性）也不同，细胞液的浓度高、冰点低的，较耐寒。

高温障碍同强烈的阳光及急剧的蒸腾作用相关联。当气温升高到生长的最适温度以上时，生长速度降低，高温下直接把茎、叶晒死的情况是少有的，但由于高温易引起植物体的失水，因而产生原生质的脱水和原生质中蛋白质凝固，则是较常见的。

（二）设施内温度分布及调控

在保护地生产中，人们首先注意调节保护地内的温度条件，这固然是由于温度是植物生命活动的最基本的要素之一，也是由于保护地内的温条件较之其他环境条件容易调节控制、在蔬菜保护地栽培史上，首先是利用保护地的保温性能，在寒冷季节进行新鲜蔬菜生产。为避免低温危害，生产上采用了保温和加温设施，但由于保护地是一种半封闭空间，不易与外界热量交换，因而高温障碍也常发生，故而又相继出现了通风降温设备，以保持保护地的适温。

理论研究和生产实践表明：保护地内地温对蔬菜作物的生长发育的影响，也是不可忽视的。如果地温过低，既使气温适宜，定植后的幼苗也不易发根、发棵，甚至引起病害（番茄的根腐病等)，降低根吸收养分的力；地温过高，则根呼吸旺盛，消耗大。

综上所述，应当根据蔬菜作物的要求不断调节保护地内的温度，使保护地内温度分布比较均匀，以利于蔬菜作物的生长。

三、光照条件及其调节

在蔬菜生产上，人们对光的作用，往往没有像对温度、水分那样注意。因为温度的高低，水分的多少，会在很短的时期内，影响到植物生长与发育，而光的影响，没有这样明显，但是，光的强度，光的组成以及光照时间的长短，对于蔬菜生长及发育，都是很重要的。

（一）蔬菜的需光规律

1. 蔬菜对光照强度的要求

光照的强度依地理位置、地势高低以及云量、雨量等的不同而不同，在同一大田里，光照强度的变化，与栽植密度、行的方向、植株调整以及套种，间作有关，光照强度不仅直接影响到光合作用的强弱，也影响到一系列的形态及解剖变化，如叶的厚薄，叶肉的结构，节间的长短，叶片的大小，茎的粗细等，从而影响植株的生长及产量，根据对光强度的要求不同，一般可以将蔬菜分为三大类。

（1）强光照蔬菜。主要是一些瓜类和茄果类，如西瓜、甜瓜、南瓜、黄瓜、番茄、茄子等，有些耐热的薯芋类如芋、豆薯等，也要求强的光照；西瓜、甜瓜等在光照不足的条件下，果实的产量及含糖量都会降低。

（2）中等光照蔬菜。主要是一些白菜类及根菜类，如白菜、甘蓝、萝卜、胡萝卜、芜菁等。葱蒜类也要求中等的光照。

（3）弱光照蔬菜。主要是一些绿叶蔬菜。它们的光饱和点及光合强度都较低，如莴苣、菠菜、茼蒿等。此外，生姜，芹菜也不耐强光。

2. 光质对蔬菜生长与发育的影响

光质或称为光的组成，对蔬菜的生长发育，有一定的作用，据测定，太阳光的可见部分占全部太阳辐射 52%，红外线占 43%，而紫外线只占 5%。

太阳光中被叶绿素吸收最多的是红光，黄光次之；蓝光紫光的同化作用效率仅为红的 14%，在太阳散射光中，红光和黄光占 50%~60%，而在直射光中，红光和黄光最多只有 37%，所以，散射光对在弱光下生长的蔬菜有较大的效用。但由于散射光的强度总是比不上直射光，因而光合作用的产物不如直射光的多。

（二）光周期的作用

植物的光周期现象是指日照的长短对植物生长发育的影响，它是植物发育的一个重要因素，不论是 1 年生还是 2 年生蔬菜的开花结实，都与光周期有关。它不仅影响到花芽分化、开花结实、分枝习性，甚至一些地下贮藏器官如块茎、块根、球茎、鳞茎等的形成，也受光周期的影响。

其实，人们对于植物，尤其是农作物的开花结实受季节的影响，是早有认识的事实。我国古代农书强调庄稼要“不违农时”，也就是认识到农作物的播种、育苗、收获都有季节性，都要求一定的气候条件。

（三）设施内光照条件及其调节

1. 保护地内的光照条件

保护地内的光照条件除受时刻变化着的太阳位置和气象要素影响外，也受本身结构和管理技术的影响。其中，光照时数主要受纬度、季节、天气情况和防寒保温等管理技术的影响，光质主要受透明覆盖材料光学特性的影响，变化比较简单；只有光照强度及其分布是随着太阳位置的变化和受保护地结构的影响不断地变化的，情况比较复杂。保护地内光照条件要求最大限度的透过光线、受光面积大和光线分布均匀。

2. 保护地内光照的调节

保护地内对光照条件的要求：一是光照充足；二是光照分布均匀。冬季阴天多和日照时数少的地区，保护地内光照不足，需要补光；相反，在夏季光照强的季节或进行软化等特殊方式栽培时，须用遮阴的方法进行调节。遮阴设备简单易行，但补光成本高，在生产上尚未普遍应用，绝大多数情况还要依靠自然光。因此，保护地内光照条件的调节主要有两个方面；一是改进保护设施的结构与管理技术，增加自然光的透入；二是人工补光与遮光。目前，我国温室、塑料大棚的透光率一般只有 40%～60%，在结构上和管理上改进的潜力很大。

四、气体条件及其调节

影响植物生长发育的气体，主要为氧气（O_2）及二氧化碳作的（CO_2）。一般大气中，含氧气约 21%，含氮气约 79%，含二氧化碳约 0. 03%以及一些其他微量气体。大气中二氧化碳虽然很少，但在植物生活中作用很大，因为它是光合作用的原料，缺乏它就会影响蔬菜的生长。至于氧气在大气中的含量是足够的，但在土壤中，会由于水涝或土壤板结而缺氧，从而影响到根的呼吸。通风、透光是获得高产的两个重要因素。

（一）二氧化碳

1. 大气中的二氧化碳

大气中的二氧化碳含量只有 300μL/L，远不能满足光合作用的要求，增加大气中二氧化碳，会增加光合作用强度，因而可以增加产量。多数作物的二氧化碳饱和点在 1 500μL/L 左右，故二氧化碳不是越多越好，而应有最适值，一般认为维持 1 000～1 500μL/L 的二氧化碳较为适宜。

2. 保护地内的二氧化碳

在半封闭或完全封闭的保护地内，蔬菜作物不断地从有限的空气中吸收二氧化碳，如果外界大气中二氧化碳又不能及时补充，就会造成保护地内二氧化碳浓度很低，不能充分满足作物生育需要，从而减产。

（二）设施二氧化碳浓度的调控

1. 调控目标

关于二氧化碳浓度对光合强度的影响，迄今已有许多研究报道，但对光合作用过程中二氧化碳饱和浓度尚不能笼统断定。实际生产上考虑，1 000~1 500μL/L 为作物适宜的浓度；从经济效益、设施构造考虑，600~1 000μL/L 也有良好效果。

2. 二氧化碳施肥技术

二氧化碳的施用方法。二氧化碳主要来源：一是酒精酿造副产品：气态二氧化碳，液态二氧化碳或固态二氧化碳（干冰）；二是空气分离：将空气在低温下液化蒸发分离二氧化碳，再经低温压缩成液态二氧化碳；三是化学分解：将强酸和碳酸盐反应放出二氧化碳；四是碳素或碳氢化合物（煤、煤油、液化石油气、沼气等）充分燃烧产生二氧化碳；五是利用有机物（厩肥蒿草等）分解发酵放出二氧化碳。

（三）有毒气体的危害和防止方法

1. 氨和二氧化氮

如果在保护地内氮肥施用过多，在密闭条件下分解出来的氨（NH_3）和二氧化氮（NO_2）气体达一定浓度后危害作物。

2. 二氧化硫和一氧化碳

如果煤中含硫化物多，燃烧后产生二氧化硫（SO_2）气体；未经腐熟的粪便及饼肥等在分解过程中，也释放出二氧化硫。二氧化硫遇水（或空气湿度大）时产生亚硫酸（H_2SO_3），它能直接破坏作物叶绿体。

当保护地内空气中二氧化硫含量达到 0.2μL/L，经 3~4 天，有些蔬菜作物就表现出受害症状；达到 1μL/L 左右，经 4~5 小时后，敏感的菜作物就表现出明显受害症状。一氧化碳（CO）是由于煤炭燃烧不完全和烟道有漏洞缝隙面排出的毒气，对保护地栽培管理人员危害最大，浓度高时造成人员死亡。应当注意燃料充分燃烧，经常检查烟道，搞好保护地的通风换气。

3. 乙烯和氯气

保护地内乙烯（$CH_2=CH_2$）气体达到 1μL/L 以上，可使绿叶发黄而后变白枯死。

（四）土壤气体及其调控

1. 土壤气体条件

作物根系有支持植株，吸收水分和无机养分，并将其输送到作物地上部分和贮藏有机物质等多种功能，所以应当保持根的正常呼吸作用，提高作物根系的活性。土壤气体环境是作物生育的重要条件。在根际环境中，要求土壤有良好的通气性，土壤气体中二氧化碳浓度不可过高。

2. 土壤气体的调控

土壤条件除了有充足的全面营养成分之外，要求土质疏松，透气、透水性良好，有一定的保水和保肥力，因此，栽培土壤不是自然土壤，面是人工配制的混合土壤（培养土）。为了正确地配制培养土，首先必须熟悉培养土的主要组成、土壤的物理特性。

有许多方法可提高土壤的通气性。一般土壤中施入多量的有机物可改善土壤结构。中耕作业可恢复灌水或降水所破坏的表土团粒结构，增强土壤通气性。促使好气的瓜类作物根系生长，要重视灌水，但不可破坏表土的团粒结构，为此，可采用地下灌溉方法。

五、湿度条件及其调节

（一）蔬菜对水分的要求

菜产品多是柔嫩多汁的器官，含水量在 90%以上。水分参与光合作用，呼吸作用及有机物质合成和分解的整个过程，水还是植物对物质吸收和运输的溶剂，细胞中也只有含有大量水分，才能保持细胞的紧张度，使植物枝叶挺立，得以进行正常生理活动。水的比热大，汽化热高，植物体温也才能保持稳定。

各种蔬菜对水分的要求，主要受吸收水分的能力和对水分消耗量的多少来决定。凡根系强大，能从较大土壤体积中吸收水分的蔬菜，抗旱力强；凡叶面积大，组织柔嫩，蒸腾作用旺盛的蔬菜，抗旱力弱。但也有水分消耗量较小，却因根系弱而不能耐旱的蔬菜。

根据蔬菜对水分需要程度的不同，可以把蔬菜分为如下 5 类。

第一类，消耗水分根多，但对水分吸收力弱的蔬菜。如白菜、芥菜、甘蓝、绿叶菜类、黄瓜、四季萝卜等，这些蔬菜叶面积较大而组织柔嫩，但根系入土不深，所以，要求较高的土壤湿度和空气湿度。在栽培上宜选择保水力强的土壤，要经常灌溉。

第二类，消耗水分较多，对水分吸收力强的蔬菜。如西瓜、甜瓜、苦瓜等，这些蔬菜的叶片虽大，但其叶片有裂刻（如西瓜）或表面有茸毛，能减少水分的蒸腾，并有强大的根系，能深入土中吸收水分，抗旱力很强。

第三类，消耗水分少，根系收力很弱的蔬菜。如葱、蒜、石刁柏等，这类蔬菜叶很小，而且表皮被有蜡质，蒸腾作用很小，故从它们的地上部特征看都很耐旱。但它们根系分布范围小，入土浅而几乎没有根毛，所以，吸收水分的能力弱，对土壤水分的要求也比较严格。

第四类，水分消耗量中等，吸收水分也是中等的蔬菜。如茄果类、根菜类、豆类等，这些蔬菜的叶面积比白菜类，绿叶菜类小，而其根系比白菜类发达，但又远不如西瓜、甜瓜等，故抗旱力不强。

第五类，消耗水分很快，吸收水分能力很弱的蔬菜。如莲藕、茭白、菱等，这些蔬菜的茎叶柔嫩，在高温下蒸腾作用旺盛，但它们的根系不发达，根毛退化，所以，吸收能力很弱。这类蔬菜的全部或大部都需浸在水中才能生活，因此，只有在经常蓄水的地方才能栽培。

蔬菜除了对土壤湿度有不同的要求以外，对于空气相对湿度的要求也不相同，大体上可以分为 4 类。

适于 85%~90%的空气相对湿度：白菜类、叶菜类、水生蔬菜等。

适于 70%~80%的空气相对湿度：马铃薯、黄瓜、根菜类、蚕豆、豌豆等。

适于 55%~65%的空气相对湿度：茄果类、菜豆、豇豆等。

适于 45%~55%的空气相对湿度：西瓜、甜瓜、南瓜以及葱蒜类等。

蔬菜在不同生育时期对水分的要求也不相同。如各种蔬菜在种子萌发时，对水分的要求很大，所以，播种后需采用灌溉、覆土、盖草等措施，尽量保持土壤中的水分。蔬菜苗期因根系小，虽吸水量不多，但对土壤湿度要求严格，应经常浇水。移苗后要多浇水。形成柔嫩多汁的食用器官时则要大量浇水，使土壤含水量达到 80%~85%。开花时，水分不宜过多，果实生长时需要较多的水分，种子成熟时要求适当干燥。

（二）空气湿度及其调控

保护地是一种半封闭系统，有空间较小和气流基本稳定等特点，因而保护地内空气湿度与露地有所不同。在冬春两季密闭条件下，晴天白天温室内温度较高，容易干燥，在夜间不加温则低温而湿度较大。虽然一般作物对湿度有某种程度的适应性，但极端的干燥或潮湿，使作物生理失调，易遭病虫害。因此，保护地内应当保持适宜的湿度环境。而露地为开放系统，对空气湿度调节难以进行。

（三）湿度及其调节

1. 土壤湿度状况

保护地为封闭、半封闭结构，其土壤湿度只能由灌水量，土壤毛细管上升水量、土壤蒸发量以及作物蒸腾量的大小决定。而露地菜除受上述因素影响外，还受降水的影响。

2. 土壤湿度的调控

土壤湿度的调控应当依据天气状况，土壤湿度状况及作物各生育期需水量，体内水分状况而定，目前我国蔬菜栽培的土壤湿度调控仍然依靠传统经验，主要凭人的观察感觉，调控技术的差异很大。但随着栽培技术的发展，要求科学合理地对土壤湿度进行调节。

六、土壤营养与施肥

土壤是作物生长发育的场所，研究土壤营养条件，是蔬菜生产上的重要环节

（一）菜田土壤营养的基本特点

作物所需要的水分、养料、空气、热量等，有的直接靠土壤供给，有的受土壤所制约，它们的关系十分复杂而密切，作物对土壤总的要求是：具有适宜的土壤结构和土壤肥力，能够不断地提供足够的水分、养料、空气和热量，保证作物不同生育阶段对土壤的需求。具体来说，菜田土壤必须具备以下特点。

第一，深厚的土层和耕层。土层深达 1m 以上，耕层至少在 25cm 以上，使水、肥、气、热等有一个保蓄的地下空间，使作物根系有适当伸展和活动的场所。

第二，耕层应该松紧适宜而相对稳定。耕层的松紧程度即固相、液相、气相三者比例，决定着土壤的水、肥、气、热状况，并随当地气候、栽培作物及土壤本身特性等而变化。

第三，耕层养分充足全面。蔬菜复种指数高，产品产出量

大，对养分要求严格，除含有足够的大量元素外，还应保证微量元素的供应。

第四，土壤质地沙黏适中。较多的有机质和良好的团粒结构或团聚体，是耕层相对稳定的基础，也是保证土壤良好结构的重要条件。

第五，土壤酸碱度适度。

第六，地下水位适宜。

第七，土壤中不含有过多的重金属及其他有毒物质。生产过程中，太阳辐射、降水、风、温度等气候条件及人类农业活动时刻在影响着土壤结构及特性。例如，在耕种过程中作物本身要从土壤中吸收大量水分和养料；根系深入土层会对土壤发生理化、生物等作用。病虫杂草对耕层将不断感染；耕作、施肥、灌溉、排水等，既有调节、补充土壤中水、肥、气、热有利的一面，又有破坏表土结构，压实耕层不利的一面。因此，经过一季或一年生产活动之后，耕层土壤总是由松变紧，孔隙度越来越小。基于以上原因，在作物生产过程中，根据作物要求和当地气候，土壤特点，进行正确的土壤耕作管理，就成为必不可少的了。

（二）蔬菜对土壤营养的要求

1. 蔬菜对土壤条件的要求

虽然菜园土具备了上述的特点，但各地菜园土的物理化学性质差异很大，对蔬菜的生长及施肥也具有极大的影响。黏质土肥力较高，但通透性差；壤土肥力高，透气性强，适于各种蔬菜的生长；沙土通透性强，但保水保肥能力差。

大多蔬菜最适于中性或弱酸性溶液反应的土壤，菠菜、蒜、菜豆、莴苣、黄瓜等对土壤溶液晚碱度的反应很敏感，要求中性反应的土壤。甜菜、胡萝卜和豌豆在土壤弱酸性（pH 值 6.0）时生长良好。甘蓝、花椰菜、四季萝卜和番茄，当土壤酸碱度达 pH 值 5.0 时，仍生长良好。

2. 蔬菜对矿质营养的要求

蔬菜是高度集约栽培的作物，菜田需要肥沃的土壤。不同蔬菜对土壤营养元素的吸收量不同，并且与根系吸收能力的强弱、产量的高低、生长时期的长短、生长速度的快慢以及其他环境条件的好坏，有密切关系。

由于系统发育与遗传上的关系，各种蔬菜对土壤营养元素的吸收量是不同的。

（1）吸收量大的蔬菜。甘蓝、大白菜、胡萝卜、马铃薯等。

（2）吸收量中等的蔬菜。番茄、茄子等。

（3）吸收量小的蔬菜。菠菜、芹菜和结球莴苣等。

（4）吸收量很小的蔬菜。黄瓜、水萝卜等。

蔬菜对土壤营养元素含量的需求与它对土壤营养元素的吸收之间的关系并不完全一致。例如，南瓜具有强大的根系，其吸收面积大，除吸收表层土壤中的营养元素，还能吸收深层土壤中的营养物质。而黄瓜所吸收的营养元素虽然较少，但因其根系浅，只有表层土壤肥沃，才能吸收足够的营养元素，所以，栽培黄瓜必须选用肥沃的土地，并要多施肥料。

蔬菜不同生育期对营养元素的吸收也不同。幼苗期吸收营养元素较少，但幼龄菜对土壤条件要求较高，要求数量多、浓度低面易被吸收的元素。在形成食用器官时，对土壤营养元素的需要量最大。

（三）土壤调控

1. 土壤耕作

土壤耕作就是在作物生产过程中通过农具的物理机械作用，改善土壤的耕层构造和地面状况，协调土壤中水、肥、气、热等因素，为作物播种出苗、根系生长、丰产丰收，采取的一系列改善土壤环境的技术措施。它包括耕翻、耙地、耮地、中耕等。

第三节　蔬菜育苗技术

一、育苗方式

蔬菜育苗方式多种多样，各有特点。

依育苗场所及育苗条件，可分为设施育苗和露地育苗；设施育苗依育苗场所还可细分为温室育苗、温床育苗、冷床育苗、塑料薄膜拱棚育苗等。依温光管理特点又可细分为增温育苗及遮阳降温育苗。

依育苗所用的基质，可分为床土育苗、无土育苗和混合育苗。无土育苗又可分为基质培育苗、水培育苗、气培育苗等；基质培育无土育苗又依基质的性质分为无机基质（炉渣、蛭石、沙、珍珠岩等）育苗和有机基质（碳化稻壳、锯末、树皮等）育苗。

依育苗用的繁殖材料，可分为播种育苗、扦插育苗、嫁接育苗、组培育苗等。

依护根措施，可分为容器护根育苗、营养土块育苗等；容器护根育苗依容器的结构分为普通（单）容器育苗和穴盘育苗。

实际中的育苗方法，常是几种方式的综合。

（一）遮阳育苗法

遮阳育苗法技术难度不大，在高温强光季节育苗效果显著。遮阳可用固定设施，如温室外加盖遮阳帘或黑网纱，也可用临时设施，如一般遮阳棚等；遮阳设施又可分完全保护（遮阳、防雨、防虫）或部分保护（遮阳）。遮阳育苗法不仅适用于芹菜、大白菜、甘蓝、莴苣等喜冷凉蔬菜的夏季育苗，也可用于番茄、辣椒、黄瓜的秋延后栽培的育苗。其主要关键技术：选择通风、高燥、排水良好地块建筑苗床；保持较大的幼苗营养面积并切实改善秧苗的矿质营养条件；掌握遮阳适度，特别是果菜类蔬菜幼苗，以中午前后遮强光为主，光照过弱会降低秧苗质量；结合喷水，防虫降温，必要时，可用药剂防治病虫害等。

（二）床土育苗法

床土育苗法是一种普遍采用的传统育苗方法。其突出优点是就地取土比较方便；土壤的缓冲性较强，不易发生盐类浓度障碍或离子毒害；营养较全，不易出现明显的缺素障碍等。如果床土配制合理，能获得很好的育苗效果。缺点是需要用大量的有机质或腐熟有机肥配制床土；苗带土重量大，增加秧苗搬运负担，很难长途运输；床土消毒难度较大。因此，适合于小规模和就地育苗，难以实现种苗业产业化。在应用床土育苗法时，应特别注意床土的物理性改良、主要营养成分的供给和根系的保护等措施。

（三）无土育苗

无土育苗是应用一定的育苗基质和人工配制的营养液代替床土进行育苗的方法，又称营养液育苗。与床土育苗比较，具有以下优点：由于选用的基质通气保水条件好，营养及水分供给充足，秧苗根系发育好，生长速度快，秧苗素质好，可缩短育苗期，促进早熟丰产；可免去大量取土造成的搬运困难，基质重量轻，便于长途运输，为集中的现代化育苗创造有利条件；有利于实现育苗的标准化管理；可减轻土传病害发生。但是，无土育苗的成功必须抓住基质的选择、营养液的配制、供给等技术环节的标准化管理，并应有相应的设施设备以保证技术的有效实施，否则，容易出现育苗失误甚至失败。

（四）扦插育苗法与嫁接育苗法

扦插育苗是利用蔬菜部分营养器官如侧枝、叶片等，经过适当的处理，在一定条件下促使发根、成苗的一种方法。这种无性繁殖方法多用于特殊需要的科研和生产中，如白菜、甘蓝腋芽扦插繁种、番茄侧枝扦插快速成苗等。其突出优点是能够保持种性，显著缩短育苗期，方法简便，易于掌握，且有利于多层立体育苗的实现。但由于育苗量受到无性繁殖器官来源的限制，在发根期间对条件要求较为严格，一般只适用于小批量生产或特殊需要的场合。扦插育苗法的技术关键在于促进发根，应保持适宜的温度及较高的空气湿度，还可用生长素处理（萘乙酸 500mg/L 或吲哚乙酸1 000mg/L），促进生根。可以用床土、水、空气或炉渣、沙粒等作为基质扦插育苗，在发根过程中不需供给营养，但需保证必要的水分；在发根期间（一般为 3 天左右）如光照过强可适当遮阳。发根后秧苗培育阶段与一般育苗相同。

二、设施育苗技术

我国北方地区冬、春季节进行蔬菜育苗时，外界温度较低，需借助一些设施增温，才能达到较好的育苗效果。根据蔬菜种类和幼苗生长发育特点来选用合适的设施、设备是育苗成成败的关键。

（一）苗床播种

1. 播种日期的确定

一般是根据当地的适宜定植期和适龄苗的成苗期来确定，即从适宜定植期起按某种蔬菜的日历苗龄向前推算播种期。例如，鲁西南日光温室春茬番茄一般在 2 月上旬至 3 月上旬定植，育成适合定植的具有 8~9 片叶的秧苗需 60~80 天。一般应在 11 月下旬至 12 月下旬播种。

2. 播前先对种子进行处理

低温期选晴暖的上午播种。播前浇足底水，水渗下后，在床面薄薄撒盖一层育苗土，防止播种后种子直接沾到湿漉漉的畦土上，发生糊种。小粒种子用撒播法。大粒种子一般点播。瓜类、豆类种子多点播，如采用容器育苗应播于容器中央，瓜类种子应平放，不要立插种子，防止出苗时将种皮顶出土面并夹住子叶，即形成“戴帽”苗。催芽的种子表面潮湿，不易撒开，可用细沙或草木灰拌匀后再撒。播后覆土，并用薄膜平盖畦面。

（二）苗期管理

苗期管理是培育壮苗的最重要环节。苗期管理的任务是创造适宜于幼苗生长发育的环境条件，并通过控制各种条件协调幼苗的生长发育。

1. 温度管理

苗期温度管理的重点是掌握好“三高三低”，即“白天高，夜间低；晴天高，阴天低；出苗前、移苗后高，出苗后、移苗前和定植前低”。各阶段的具体管理要点如下。

（1）播种至第一片真叶展出。出苗前温度宜高，关键是维持适宜的土温。果菜类应保持 25～30℃，叶菜类 20℃左右。当70%以上幼苗出土后，为促进子叶肥厚、避免徒长、利于生长点分化，应撤除薄膜以适当降温。把白天和夜间的温度分别降低3～5℃，防止幼苗的下胚轴旺长，形成高脚苗。若发现土面裂缝及出土“戴帽”，可撒盖湿润细土，填补土缝，增加土表湿润度及压力，以助子叶脱壳。

（2）第一片真叶展出至分苗。第一片真叶展出后，白天应保持适温，夜间则适当降低温度，使昼夜温差达到 10℃以上，以提高果菜的花芽分化质量，增强抗寒性和抗病性。分苗前一周降低温度，对幼苗进行短时间的低温锻炼。

（3）分苗至定植。分苗后几天里为促进根系伤口愈合与新根生长，应提高苗床温度，促早缓苗，适宜温度是白天 25～30℃，夜间 20℃左右。缓苗后降低温度，以利于壮苗和花芽分化。果菜类白天 25～28℃，夜间 15～18℃；叶菜类白天 20～22℃，夜间 12～15℃。定植前 7～10 天，应逐渐降低温度，进行低温锻炼以增强幼苗耐寒及抗旱能力。果菜类白天降到 15～20℃，夜间 5～10℃；叶菜类白天 10～15℃，夜间 1～5℃。

蔬菜对肥水的利用率，增强蔬菜的耐寒、耐盐等方面的能力，从而达到增加产量、改善品质的目的.

（二）主要嫁接方法

蔬菜的嫁接方法比较多，常用的主要有靠接法、插接法和劈接法等几种。靠接法主要采取离地嫁接法，操作方便，同时，蔬菜和砧木均带自根，嫁接苗成活率也比较高。其主要缺点是嫁接部位偏低，防病效果较差，主要用于不以防病为主要目的的蔬菜嫁接，如黄瓜、丝瓜、西葫芦等。插接法的嫁接部位高，远离地面，防病效果好，但蔬菜采取断根嫁接，容易萎蔫，成活率不易保证，主要用于以防病为主要目的的蔬菜嫁接，如西瓜、甜瓜等。插接法在插孔时容易插破苗茎，因此，苗茎细硬的蔬菜不适合采用。劈接法的嫁接部位比较高，防病效果好，但对蔬菜接穗的保护效果不及插接法好，主要用于苗茎细硬的蔬菜防病嫁接，如茄果类蔬菜嫁接。

（三）嫁接砧木

嫁接砧木的基本要求是：与蔬菜的嫁接亲和性强并且稳定，以保证嫁接后伤口及时愈合；对蔬菜的土传病害抗性强或免疫，能弥补栽培品种的性状缺陷；能明显提高蔬菜的生长势，增强抗逆性；对蔬菜的品质无不良影响或不良影响小。目前蔬菜上应用的砧木主要是一些蔬菜野生种、半栽培种或杂交种。

（四）嫁接前准备

1. 嫁接场地

蔬菜嫁接应在温室或塑料大棚内进行，场地内的适宜温度为25~30℃、空气湿度为90%以上，并用草苫或遮阳网将地面遮成花阴。

2. 嫁接用具

嫁接用具主要有刀片、竹签、托盘、干净的毛巾、嫁接夹或塑料薄膜细条、手持小型喷雾器和酒精（或1%高锰酸钾溶液）。

（五）嫁接技术操作要点

1. 靠接法操作要点

靠接法应选苗茎粗细相近的砧木和蔬菜苗进行嫁接。如果两苗的茎粗相差太大，应错期播种，进行调节。靠接过程包括砧木苗去心、砧木苗茎切削、接穗苗茎切削、切口接合及嫁接部位同定等几道工序。

2. 插接法操作要点

普通插接法所用的砧木苗茎要较蔬菜苗茎粗 1.5 倍以上，主要是通过调节播种期使两苗茎粗达到要求。插接过程包括砧木去心、插孔、蔬菜苗切削、插接等几道工序。

3. 劈接法操作要点

劈接法对蔬菜和砧木的苗茎粗细要求不甚严格，视两苗茎的粗细差异程度，一般又分为半劈接（砧木苗茎的切口宽度为苗茎粗度的 1/2 左右）和全劈接两种形式。砧木苗茎较粗、蔬菜苗茎较细时采用半劈接；砧木与接穗的苗茎粗度相当时用全劈接。劈接法的操作过程包括砧木苗茎去心、劈接口、插接、固定接口等几道工序。

4. 斜切接法操作要点

多用于茄果类嫁接，又称贴接法。当砧木苗长到 5～6 片真叶时，保留基部 2 片真叶，从其上方的节间斜切，去掉顶端，形成 30°左右的斜面，斜面长 1.0～1.5cm。再拔出接穗苗，保留上部 2～3 片真叶和生长点，从第二片或第三片真叶下部斜切 1 刀，去掉下端，形成与砧木斜面大小相等的斜面。然后将砧木的斜面与接穗的斜面贴合在一起，用嫁接夹固定。

（六）嫁接苗管理

嫁接后愈合期的管理直接影响嫁接苗成活率，应加强保温、保湿、遮光等管理。

1. 温度管理

一般嫁接后的前 4～5 天，苗床内应保持较高温度，瓜类蔬菜白天25~30℃，夜间18~22℃；茄果类白天25~26℃，夜间20~22℃。嫁接后8~10天为嫁接苗的成活期，对温度要求比较严格。此期的适宜温度是白天25~30℃，夜间20℃左右。嫁接苗成活后，对温度的要求不甚严格，按一般育苗法进行温度管理即可。

2. 湿度管理

嫁接结束后，要随即把嫁接苗放入苗床内，并用小拱棚覆盖保湿，使苗床内的空气湿度保持在90%以上，不足时要向畦内地面洒水，但不要向苗上洒水或喷水，避免污水流入接口内，引起接口染病腐烂。3天后适量放风，降低空气湿度，并逐渐延长苗床的通风时间，加大通风量。嫁接苗成活后，撤掉小拱棚。

3. 光照管理

嫁接当天以及嫁接后头3天内，要用草苫或遮阳网把嫁接场所和苗床遮成花阴防晒。从第4天开始，要求于每天早晚让苗床接受短时间的太阳直射光照，并随着嫁接苗的成活生长，逐天延长光照时间。嫁接苗完全成活后，撤掉遮阴物，可开始通风、降温、降湿。

4. 嫁接苗自身管理

（1）分床管理。一般嫁接后第7~10天，把嫁接质量好、接穗苗恢复生长较快的苗集中到一起，在培育壮苗的条件下进行管理；把嫁接质量较差、接穗苗恢复生长也较差的苗集中到一起，继续在原来的条件下进行管理，促其生长，待生长转旺后再转入培育壮苗的条件进行管理。对已发生枯萎或染病致死的苗要从苗床中剔除。

（2）断根靠接法。嫁接苗在嫁接后的9~10天，当嫁接苗完全恢复正常生长后，选阴天或晴天傍晚，用刀片或剪刀从嫁接部位下把接穗苗茎紧靠嫁接部位切断或剪断，使接穗苗与砧木苗相互依赖进行共生。嫁接苗断根后的3~4天内，接穗苗容易发生萎蔫，要进行遮阴，同时，在断根的前1天或当天上午还要将苗钵浇1次透水。

（3）抹杈和抹根。砧木苗在去掉心叶后，其苗茎的腋芽能够萌发长出侧枝，要随长出随抹掉。另外，接穗苗茎上也容易产生不定根，不定根也要随发生随抹掉。

四、容器育苗技术

容器育苗可就地取材制成各种育苗容器。目前，生产上广泛应用的有：营养土块、纸钵、草钵、塑料钵、薄膜筒等。容器育苗不仅可以有效地保护根系不受损伤，改善苗期营养状况，而且便于秧苗管理和运输，实现蔬菜育苗的批量化、商品化生产。可根据不同的蔬菜种类、预期苗龄来选择相应规格（直径和高度）的育苗容器。

容器育苗使培养土与地面隔开，秧苗根系局限在容器内，不能吸收利用土壤中的水分，要增加灌水次数，防止秧苗干旱。使用纸钵育苗时，钵体周围均能散失水分，易造成苗土缺水，应用土将钵体间的缝隙弥严。容器育苗的苗龄掌握要与钵体大小相适应，避免因苗体过大营养不足而影响秧苗的正常生长发育。为保持苗床内秧苗发展均衡一致，育苗过程中要注意倒苗。倒苗的次数依苗龄和生长差异程度而定，一般为1~2次。

第四节　蔬菜田间管理技术

一、定植、间苗和定苗

（一）定植

对于利用育苗移栽方法栽培的蔬菜，当植物幼苗长到一定大小之后，就必须栽到大田里去，这次栽植称为定植。

定植的适当时期与蔬菜秧苗的大小、环境条件尤其是晚霜期、土地的准备等条件都有密切的关系。对秧苗大小的要求，依种类的不同、植物学特征及生物学特性的差异而有所区别。一般叶菜类的秧苗，长到 4~5 片真叶时为定植的适期。苗太小则操作困难，苗太大、根系受伤太重影响成活。豆类蔬菜秧苗根系再生能力较差，侧根少，应在第一对真叶长出、而 3 片复叶尚未充分发育时就定植。瓜类的根系再生力弱，而且叶面积增加快，应在幼苗长出 5 片真叶左右就定植，定植太晚无论地上部或地下部均易受损伤。茄果类蔬菜的秧苗，根系的再生力强，可以带花蕾定植。这样可以提早成熟，只要管理得当，不会引起植株的早衰现象，早期产量和总产量都会有所提高。但苗期太长会增加育苗成本，对于保护地设备不足的地区不宜采用。否则，秧苗营养面积过小，发育不良，定植后也会影响正常发育与产量。

蔬菜秧苗定植的适宜时期，主要根据当地的气候与环境条件而定。华南热带和亚热带地区终年温暖，对定植期的要求就不那么严格，可以根据具体条件而定。在北方，气温低，生长期短，耐寒和半耐寒的蔬菜也不能在冬季进行露地生产，因此，对这类蔬菜也要求早熟。只要在土壤和气候适宜的情况下，均以早定植为宜。华北、东北等气温较低的地区，这些蔬菜大多在春季定植。这就需要在春季土壤解冻后，在 10cm 深的土壤温度达到 5~10℃时进行定植。

茄果类、瓜类蔬菜定植时，对 10cm 深的土壤温度的要求应不低于 10~15℃，而且必须在终霜过后进行。因为这些蔬菜大多不耐霜冻，即使有轻霜，也会有部分秧苗冻死。因此，喜温蔬菜的栽植日期，应以各地的终霜期为主要依据，只要霜期一过就可以定植，这是争取早熟的重要环节。

定植前必须把地整好，普遍施入基肥，主要是有机肥。定植时开沟或开穴。此时最好每穴再施入优质有机肥 100~150g，覆一层细土，以避免根系直接与肥料接触。这种肥料对促进早熟起一定的作用。定植时是开沟还是开穴依作物的种类和工作条件而定，株距要求较小的蔬菜如大葱等，以开沟定植比较方便，株行距要求大的蔬菜则以开穴定植为好，但为了定植深度一致，提高工效，后者也可以采用开沟定植。定植蔬菜秧苗，在手工劳动的情况下是先灌水于沟、穴中然后栽苗，或者是先栽苗然后浇水，两者没有什么原则区别。移植的作物要注意勿使根系弯曲在局部土壤中，如果是带营养土块定植，只要把土块埋入土中就可以了。定植时必须浇水，才能使幼苗尽快恢复生长。浇水的量要恰到好处，尤其是北方地区早春定植秧苗时，还要注意水温。如水温过低，不但缓苗慢，而且以后的一段时间内生长不良，容易得病。

秧苗栽植的深度，一般以在子叶下为宜。但黄瓜、圆葱宜浅，大葱则可以栽得深一些，以利于多次培土，番茄可以栽到子叶下，因为它易发生不定根。北方春季气温低，土温也低，定植时应浅栽，以利秧苗的发根，低洼潮湿的土壤要浅栽，否则，容易烂根。因此，定植时栽苗正确与否与秧苗的成活有密切的关系。栽苗方法不正确，不但使秧苗恢复生长慢，还影响早熟和降低产量。如把营养土块栽得与地平面在同一水平，灌水后营养土块就会露出地面，容易变干，因为营养土块组织疏松，水分极易蒸发，影响秧苗定植后的正常生长。

定植时的气候条件与秧苗的成活率和缓苗快慢有密切的关系。北方春季栽苗应选无风的晴天进行，因为晴天气温和土温较高，有利于缓苗，阴雨天及刮风天不宜栽苗。一般的天气，下午或傍晚栽植比上午好。栽植时不宜采用摘叶的办法来减少蒸腾面积，因为叶片是制造营养物质的主要器官，叶片减少，则植物体内的制造养分的能力也减少，再生能力削弱，影响新根发生，同时，也影响新梢的发生。

（二）间苗与定苗

这里所说的间苗与定苗是针对大田里直播的蔬菜而言。目前全国各地的大白菜和秋冬萝卜绝大多数是露地穴播或条播。这些蔬菜大多在夏末温暖的天气下播种，把产品器官的形成期（如叶球与肉质根等）安排在冷凉的气候条件下。因此，这些蔬菜在露地直播，苗期就在露地生长，它的生长受气候条件影响很大，而且感染病虫害也比较严重，所以，在目前的耕作条件下，很容易造成缺苗缺株的现象。因此，间苗要分 2~3 次进行。对露地直播蔬菜的间苗，原则上应尽早进行为好，如十字花科的萝卜和白菜，在子叶出齐后就应进行第一次间苗，使幼苗不致因植株互相遮阳而造成徒长现象，每穴留 3~5 株。第二次间苗在 2~3 片真叶时进行，每穴留 2~3 株。最后 1 次间苗，萝卜在 4~5 片叶时进行，白菜在 7~8 片叶时进行，每穴只留 1 株，称 为“定苗”。萝卜、根用芥菜等直根蔬菜，其子叶的方向与两侧吸收根的方向相同。在密植的情况下，间苗时尽可能注意到子叶的方向与行向垂直，以利于根系对土壤营养的吸收。

二、合理密植

（一）合理密植的意义

合理密植能够增加单位面积产量，其原因主要是单位面积株数增加以及单位面积内叶面积及根系在土壤分布的体积均增加了，能够更好地利用日光能、空气以及土壤中的水分和矿物盐。农作物干物质的 90%~95%是有机物质，其中，90%以上是光合作用的产物，叶是进行光合作用的主要器官，叶面积的增加为充分利用光能创造了有利条件。单位面积内总株数增加后，根系的吸收面积扩大，而且密植后促进根系向纵深发展，有利吸收深层土壤中的水分和养分。当然，在密植的情况下必须比一般的栽培多施肥才能达到增产的目的。

（二）个体产量与群体产量的关系

群体产量是个体产量的总和，因此，个体生长良好，产量高，群体的产量才会高。但群体产量不是个体产量简单地相加。高产的群体往往是由个体数较多，但比稀植时较弱的个体构成的群体，植株愈密则个体生长愈弱，这是群体与个体间发展的一般规律。对于1次采收的根菜类，如胡萝卜，据试验，不同密度之间的单位面积产量差异不大。密植的比稀植的单位面积产量稍为高些，但密植的单株产量则以小型根（30g以下）的较多，而稀植的单株产品重量以大型根（大都在80~100g）的较多。对于多次采收的茄果类及瓜类，增加密度之后会明显地增加早期的果实产量。而以幼小植株为产的绿叶菜类蔬菜，密植增产的效果很明显，但个体减弱的现象也很明显。

（三）密植与栽培技术的关系

推行密植与其他栽培技术互相配合才能收到良好的效果。密植后因单位面积株增加，根系的横向发展范围缩小，而向下发展吸收深层土壤中的水分与养分。因此，必须与深耕、施肥、灌溉相结合，以增加植株吸肥能力和抗倒伏能力。精细的田间管理，可以增加栽植密度。例如，番茄栽培用整枝搭架的，可以比不整枝搭架者密些。而单干整枝又可以比双干整枝的密些。瓜类和豆类的栽植情况也大致如此。适当扩大行距既便于进行机械操作，也有利于通风透光。密植后应及时搭架、整枝、压蔓、摘叶，使植株向空间发展。密植增加后，株间的湿度增加，土壤不易干裂，能减轻茄子的黄萎病。但对另外一些蔬菜，则比较容易发生病虫害，应加强病虫害防治工作。

此外，高温多雨地区较低温少雨地区密植度应小些；没有灌溉条件、土壤肥力低的地区，栽植密度比土壤肥力高且有灌溉条件的地区低些。

三、中耕、除草与培土

（一）中耕

及时进行中耕除草，减少杂草与作物竞争水分、养分、阳光和空气，保护栽培的作物在田间生长中占绝对优势，这是中耕除草技术应用的关键。从蔬菜栽培的角度来看，播种出苗后、雨后或灌溉后表土已干，天气晴朗时就应及时进行中耕。因雨后或灌水后的中耕可以破碎土壤表面的板结层，使空气容易进入土中，供给根系呼吸对氧气的需要，增加养分分解，使土壤有机物易于释放二氧化碳，促进作物光合作用的进行。冬季及早春中耕有利于提高土温，促进作物根系发育，同时，因切断了表土的毛细管，因而减少毛细水的蒸发作用。

由于作物的种类不同，根系的再生与恢复能力有所差异，因此，中耕的深度有所不同。番茄根的再生能力强，切断老根后容易发生新根，增加根系的吸收面积。类似这种作物可以进行深中耕。黄瓜、葱蒜类根系较浅，根受伤后再生能力较差，宜进行浅中耕。苗小时中耕不宜太深，株行距小者中耕宜浅些。一般中耕深度为3~6cm或9cm左右。

中耕的次数依作物种类、生长期长短及土壤性质而定。生长期长的作物中耕次数较多，反之就较少，但都需要在未封垄前进行。中耕常与除草相结合。

（二）除草

杂草的种子数量多，发芽能力强，甚至在土壤中保存数十年仍有发芽能力。因此，除草应在杂草幼小而生长较弱的时候进行，这样才能有较好的效果。除草的方法主要有3种，即人工除草、机械除草和化学除草。人工除草的方法是利用小锄头或其他工具，这种方法费劳动力多、效率低，但质量好，目前仍然必须使用。机械除草比人工除草效率高，但只能解决行间的除草，株间的杂草因与苗距离近，容易伤苗，还要用人工除草作为辅助措施。

（三）培土

蔬菜的培土是在植株生长期间将行间的土壤分次培于植株的根部，这种措施往往是与中耕除草结合进行的。北方垄作地区趟地就是培土的方式之一。在江南雨水多的地方，为了加强排水，把畦沟中的泥土掘起，覆在植株的根部，不仅有利于排水，也为根系的发育创造了良好的条件。

培土对不同的蔬菜有不同的作用。大葱、韭菜、芹菜、芦笋等蔬菜的培土，可以促进植株软化，增进产品质量；对于马铃薯等的培土，可以促进地下茎的形成；容易发生不定根的番茄、南瓜等，培土后能促进不定根的发生，加强根系吸收土壤养分和水分的能力。此外，培土可以防止植株倒伏，具有防寒、防热等多方面的作用。

四、植株调整

植株调整的作用是平衡营养生长与生殖生长、地上与地下部生长；协调植株发育，改变发育进程，促进产品器官形成与膨大；促进植株器官的新陈代谢，实现优质、丰产；减少机械伤害和病、虫、草害发生。

植株调整主要包括摘心、打杈、摘叶、束叶、疏花疏果和保花保果、支架、压蔓等。

（一）摘心、打杈

1. 摘心

摘心是指除去生长枝梢的顶芽，又称打尖或打顶，可抑制生长，促进花芽分化，调节营养生长和生殖生长的关系。如对无限生长的茄果类和瓜类蔬菜，栽培的后期，按照栽培目的与实际生长条件和生产水平，在保持植株有一定数量的果实和相应的枝叶后，即可将其顶芽去除，确保已有果实在生长期内达到成熟标准。

2. 打杈

打杈即摘除侧芽。一些植物的侧枝萌发能力非常强，若任其自然生长，则会枝蔓繁生，导致结果不良或不能结果。如番茄生产中一般只留顶芽向上生长，侧枝全部摘除，这种整枝方式称单干整枝；有时除顶芽外第一穗果下又留 1 侧枝与顶芽同时生长，称为双干整枝。打杈以后，调整了植株营养器官与生殖器官的比例，提高经济系数，可以达到高产目的。

（二）摘叶、束叶

1. 摘叶

一般来说，幼龄叶的同化效率较低，壮龄叶的同化效率最高，而老叶、病叶的同化效率也较低，甚至同化量不及其呼吸消耗量。另外，冠层内叶量较大时，群体消光系数值较高，所以，处于植株基部的老叶、病叶，都应及时去除，以避免不必要的同化物质消耗，同时，也利于维持适宜的群体结构，使通风、透光条件得以改善。

2. 束叶

束叶指将靠近产品器官周围的叶片尖端聚集在一起的作业。常用于花球类和叶球类蔬菜生产中，可有效地提高上述蔬菜产品的商品性。束叶可防止阳光对花球表面的暴晒，保持花球表面的色泽与质地；束叶还具有防寒和改善植株间通风透光条件的作用，但束叶不宜进行过早。

（三）疏花疏果和保花保果

1. 疏花疏果

对于以营养器官为产品的蔬菜，疏花疏果可减少生殖器官对同化物质的消耗，有利于产品器官形成。如大蒜、马铃薯、莲藕、百合、豆薯等蔬菜摘除其花蕾均有利于产品器官膨大。对于以果实为产品器官的蔬菜作物，疏花疏果可以提高单果重和商品质量。对一些畸形、有病或机械损伤的果实，也应及早摘除。

2. 保花保果

当植株营养不足、逆境胁迫时（如低温或高温），一些花和果实即会自行脱落，这时应采取保花保果措施。落花落果还与植株体内激素水平有关，因此，可通过改善植株自身营养状况，施用生长调节剂等方法保花保果。

（四）支架、牵引、绑蔓

1. 支架

对于茎不能直立的蔬菜如黄瓜、番茄、菜豆和山药等，需进行支架栽培，以增加叶面积指数，改善通风透光，减少病虫害发生。常用的架型如下。

（1）双行人字架或单行架。一般架比较高，常以竹竿为材料，将植株的茎蔓引到架上，有些需加以绑缚。如豇豆、黄瓜等。

（2）棚架。生长旺盛、分枝较多的植物需要搭棚架，使茎蔓分布均匀，合理利用空间，如葫芦、佛手瓜等，庭院栽培时采用较多。

（3）矮支架。一些半直立蔬菜，如早熟番茄、石刁柏等，用 1m 左右的支架即可，架型也较简单，但需要绑缚。

2. 牵引

指设施栽培下对一些蔓生、半蔓生蔬菜进行攀缘引导的方法。一端系在植株的根部，另一端则与设施的顶架结构物相连，也可以与设施顶部专门设置的引线相连。有直立式牵引和人字形牵引。随着植株逐渐长高，将其主茎环绕在牵引线上即可保证其向上生长。

3. 绑蔓

对于支架栽培的蔓生作物，无论用竹竿还是木条作材料，植株在向上生长过程中依附架条的能力并不是很强，因此，需要人为地将主茎捆绑在架条上，以使植株能够直立地向上生长。

（五）压蔓、落蔓、盘蔓

1. 压蔓

蔓生蔬菜作爬地栽培时，如大田西瓜，经压蔓后可使植株排列整齐，受光良好，管理方便，促进果实发育，增进品质；同时在压蔓处，可诱发植株产生不定根，有防风和增加营养吸收的能力，并可控制茎叶生长过旺。

2. 落蔓和盘蔓

对牵引或支架栽培的蔓生、半蔓生蔬菜，在生长后期，基部的老叶、老枝经整枝和摘叶已完全去除，形成群体基部的过疏，而对于群体顶部来说，植株已没有多大攀缘空间，这时可将植株茎盘旋下放，降低整个群体的高度，使植株顶部有一个良好的群体分布，这种作业称为茎下落盘蔓。茎下落盘蔓可以较好地调节群体内的通风透光。

五、化学调控技术

蔬菜化学调控技术就是通过使用天然的或人工合成的植物生长调节剂来调节植物的生长发育。生长调节剂对蔬菜的作用主要表现在以下几方面。

（一）促进枝条或腋芽的扦插

生根蔬菜采用扦插繁殖，可以增加繁殖系数，提高自交不亲和系或雄性不育系的繁殖率，并能保持品种纯度。应用吲哚乙酸（IAA）、吲哚丁酸（IBA）、吲哚丙酸（IPA）、萘乙酸（NAA）等均能促进插枝的生根，提高成活率。如番茄侧枝用 50mg/L 的萘乙酸或 100mg/L 的吲哚乙酸浸湿插株基部，对促进生根有很好的效果。

（二）调控休眠与萌发

（1）打破休眠，促进萌发。种子收获后往往由于胚发育不全，胚后熟及萌发抑制物质如脱落酸（ABA）的存在等导致休眠，用生长调节剂可以打破休眠，促进萌发。如马铃薯夏季收获后要经过一段时间的休眠才能萌发，导致马铃薯二季作的栽培时期推迟且出芽不整齐，用0.5～1mg/L的赤霉素处理切块，可有效提高其发芽率。

（2）抑制发芽，延长休眠。利用生长调节剂可以有效地抑制蔬菜储存器官如块茎、鳞茎等储藏期中的发芽。如用萘乙酸甲酯（MENA）抑制马铃薯在储藏期中的发芽；用吲哚丁酸，2,4-D的甲酯处理马铃薯块茎也有效果。

（三）控制生长和器官的发育

（1）促进生长，增加产量。芹菜、菠菜、茼蒿、苋菜等在采收前10～20天全株喷洒20～25mg/L的赤霉素1～3次，一般可增产10%～30%。

（2）抑制徒长，培育壮苗。无限生长类型的果菜类在肥水多的条件下容易徒长，应用矮壮素250～500mg/L进行土壤浇灌，每株用量100～200mL，可有效抑制徒长。此外，比久（B_9）、多效唑（$PP_{3}33$）、整形素、乙烯利也有抑制生长、降低株高的作用，但必须严格掌握使用浓度和时期，使用不当会减产。

（3）控制抽薹开花。根据蔬菜生长的不同目的，使用不同类型植物生长调节剂来促进或抑制抽薹开花。如用50～500mg/L的赤霉素喷洒植株或浸其生长点，在不经过低温春化的条件下，可促进胡萝卜、白菜、甘蓝、芹菜等的抽薹开花。

（4）促进果实发育和成熟。用植物生长调节剂可促使瓜类蔬菜形成无籽果实，有些激素还可以调节果实的发育。如用1%的萘乙酸加1%的吲哚乙酸羊毛脂涂西瓜雌花，可获得无籽西瓜，并促进果实的膨大生长；用乙烯利可促进番茄果实的成熟。

（5）刺激鳞茎、块茎的产生和发育。在洋葱鳞茎开始膨大时，用乙烯利500～1 000mg/L处理，可使鳞茎生长加速，促进成熟，但鳞茎有些变小；对于发生徒长的马铃薯，用1～10mg/L的整形素，在生长后期喷洒马铃薯植株，能控制地上部的生长，增加马铃薯块的产量。

（四）防止器官脱落

蔬菜作物的许多器官，如花、叶、果实等在生长过程中遭遇低温弱光、病虫为害等，会引起器官脱落。应用防落素、萘乙酸及赤霉素等防止茄果类、瓜类及豆类蔬菜的落花落果，效果非常明显。

（五）控制瓜类的性别分化

激素和生长调节剂可以控制一些蔬菜的性型分化，如赤霉素可以促进瓜类的雄花分化，这对于保持雌性系十分重要；乙烯利可以促进某些瓜类，如黄瓜、西葫芦和南瓜的雌花分化。

（六）提高植株的抗逆性

利用一些生长抑制剂类物质，如矮壮素（CCC）、青鲜素（MH）、比久、多效唑等通过抑制生长，刺激体内脱落酸（ABA）含量的提高，增强植株体内营养物质的积累，从而提高蔬菜作物的抗逆性。

（七）蔬菜保鲜

甘蓝收获后，立即用30mg/L的6-苄基腺嘌呤（6-BA）喷洒或浸蘸叶球，可有效地延长其储藏期；用10～100mg/L的比久或矮壮素在莴笋采收当天喷洒处理，可在8～22℃条件下延长其储藏期；用5～10m/L的6-苄基腺嘌呤处理莴苣、菠菜、萝卜、胡萝卜等，均能保持这些蔬菜采收时的新鲜状态，提高商品价值。

六、生长期的灌水和滴水

生长期的合理灌水应根据蔬菜不同种类、不同生长阶段、不同气候和不同土壤类型来确定。

（一）根据蔬菜种类进行浇水

需水量大的蔬菜应多浇水，耐旱性蔬菜要少浇水。

（二）根据蔬菜生长阶段进行浇水

产品器官形成前一段时间，应控水蹲苗，防止旺长；产品器官盛长期，应勤浇水，保持地面湿润；产品收获期，要少浇水或不浇水，提高产品的耐储运性。

（三）根据气候变化进行浇水

低温期浇水要少，并且应于晴暖天中午前后浇水。高温期浇水要勤，并要于早晨或傍晚浇水。

（四）根据土壤类型进行浇水

沙性土的保水性差，要增加浇水次数；黏性土的保水力强，灌水量及灌溉次数要少于盐碱地，应勤浇水、浇大水，防止盐碱上移；低洼地要小水勤浇，防止积水。

（五）结合栽培措施进行浇水

追肥后灌水，有利于肥料的分解和吸收利用；分苗、定苗后浇水，有利于缓苗；间苗、定苗后灌水，可弥缝、稳根。

生长期的灌水方法一般包括明水灌溉和膜下滴灌。

1. 明水灌溉

明水灌溉包括畦灌、沟灌、淹灌等几种形式，适用于水源充足、土地平整、土层较厚的土壤和地段。其投资小，易实施，适用于大面积蔬菜生产，但较费工费水，易使土表板结。

2. 膜下滴灌

在地膜下开沟或铺设滴灌毛管，由滴头将水定时、定量、均匀而缓慢地滴到蔬菜根际的灌溉方式，能够使土壤蒸。量减至最低程度，节水效果明显，低温期还可提高地温 1～2℃；滴灌不破坏土壤结构，土壤内部水、肥、气、热能经常性地保持良好的状态。

七、生长期的追肥

（一）沟灌追肥

1. 沟灌追肥概念

蔬菜生长期中施用的肥料叫追肥。追肥是在基肥的基础上采用速效性肥料，分期施用。它可以补给蔬菜各个生育期对养分的需要。例如，大白菜就有提苗肥、团棵肥、包心肥、壮棵肥 4 次追肥。

2. 沟灌追肥方法

从施用方法上有开沟追施（如尿素、碳酸氢铵等）和随水浇施（如氨水、人粪尿）等土壤施入法。还有根外喷施法（如磷酸二氢钾、过磷酸钙、尿素等)。土壤施肥是基本的方法，根外追肥是辅助的方法。

有尿素、碳酸氢铵、氨水、人粪尿、磷酸二氢钾、过磷酸钙。

（二）滴灌追肥

1. 滴灌追肥概念

滴灌追肥是通过管道系统和滴头、滴灌带将肥水以小流量、稀释的、均匀、准确、直接地输送到作物根部，滴灌施肥是随着微灌技术发展起来的一项新技术，能方便地进行肥水同灌，同时，满足蔬菜需水量和需肥量。

2. 滴灌追肥方法

通过水源、水泵、肥料罐、过滤器、压力表、调压阀、输水管道系统（包括干管、支管和滴灌带)，田间组合布置进行肥水同灌，实现追肥的目的。

滴灌施肥所用的化学肥料必须是溶解度大，杂质含量低，两种或数种肥料混用时，应注意肥料匹配，防止产生沉淀，使用微量元素尽可能以螯合物的形式。

（三）叶面肥

1. 叶面肥概念

作物通过根系表面可以吸收土壤中或营养液中的营养，供给作物的生长和发育。同样作物的茎、叶表面也可以吸收喷洒在其表面的营养。这种非根系吸收营养的现象就是作物的根外营养。向作物根系以外的营养体表面施用肥料的措施叫做根外施肥，也就是一般所说的叶面施肥。用于叶面施肥的肥料称叶面肥。其实，用于根部施肥的肥料与用于叶面施肥的肥料并没有严格的界限，凡是可以溶于水的肥料均可以用于叶面施肥，只不过施用浓度要严格掌握，肥料溶液过浓会灼伤叶片造成肥害。

2. 叶面肥施用方法及特点

与根系施肥相比，通过叶片吸收的营养比根系吸收营养迅速，见效快。叶面施肥是补充和调节作物营养的有效措施，特别是在逆境条件下，根部吸收机能受到障碍，叶面施肥常能发挥特殊的效果。作物对微量营养元素需要的量少，在土壤中微量元素不是严重缺乏的情况下，通过叶面喷施常能满足作物的需要。然而，作物对氮、磷、钾等大量元素需要量大，叶面喷施只能提供少量养分，无法满足作物的需求。因此，为了满足作物所需的养分，还应以根部施肥为主，叶面施肥只能作为一种辅助措施。

3. 叶面肥常见肥料种类

叶面肥根据营养成分可分为简单叶面肥和多元素叶面肥。常用的简单叶面肥有：尿素、磷酸二氢钾、硝酸钙、硫酸锌、硫酸锰、钼酸铵、硫酸亚铁、硼砂等；多元素叶面肥可以是几种微量元素的相加，可以是几种大量、中量元素的相加，也可以是大量元素与中量、微量元素的相加。近年来，利用动、植物下脚料经发酵或水解，添加一些营养元素的无机盐，制成含多种营养元素和简单有机物的多成分叶面肥，除可供给作物矿物质营养外，还有一些有机营养、生长调节物质，兼有营养和调节双重作用。

（四）二氧化碳施肥

黄瓜的二氧化碳饱和点浓度一般为 0.1%，在高温、高湿、强光条件下饱和点浓度可达 1%。通常将空气中二氧化碳含量提高到 0.1%，黄瓜可增产 10%～20%；提高到 0.63%时，可增产 50%。因此，应强调施用二氧化碳气肥。但在植株衰弱和弱光、低温条件下，单独提高二氧化碳浓度，则难以达到增产效果。研究证明，黄瓜白天如有 100cm/秒左右的风速，则有利于干物质量的增加；同时，晴天加强通风，加强叶片蒸腾作用，可以提高根系吸收能力，促进根系发育。

第二章　蔬菜设施栽培

第一节　蔬菜栽培设施的类型和建造

一、电热温床

电热温床是指在畦土内或畦面铺设电热线，在低温期用电能对土壤进行加温的蔬菜育苗畦或栽培畦的总称。

（一）电热温床的基本结构

完整电热温床由隔热层、散热层、床土和覆盖物 4 部分组成。

1. 隔热层

隔热层是铺设在床坑底部的一层厚 10~15cm 的秸秆或碎草，主要作用是阻止热量向下层土壤中传递散失。

2. 散热层

散热层是一层厚约 5cm 的细沙，内铺设有电热线。沙层的主要作用是均衡热量，使上层床土受热均匀。

3. 床土

床土厚度一般为 12~15cm。育苗钵育苗不铺床土，一般将育苗钵直接排列到散热层上。

4. 覆盖物

覆盖物分为透明覆盖物和不透明覆盖物两种。透明覆盖物的主要作用是白天利用光能使温床增温，不透明覆盖物用于夜间覆盖保温，减少耗电量，降低育苗成本。

（二）电热温床的生产应用与管理要点

1. 生产应用

电热温床的床土浅，加温费用高，不适合生产栽培，主要用于冬春季蔬菜育苗。由于电热温床温度高、幼苗生长快等原因，电热温床的育苗期一般较常规育苗床缩短，故电热温床育苗时应适当推迟播种期。

2. 管理要点

电热温床的土温较高，水分蒸发快，床土容易发生干旱，要注意勤浇水。但每次的浇水量不宜过多，避免床坑内积水发生漏电短路。另外，还要加强温床的保温措施，缩短通电时间，降低费用。

二、地膜覆盖

地膜通常是指厚度为 0. 005～0. 015mm，专门用来覆盖地面，保护作物根系的一种农用薄膜的总称。地膜覆盖是当前农业生产中比较简单有效的增产措施之一。

地膜的种类及功能

1. 普通地膜

普通地膜是指无色透明的聚乙烯薄膜，透明的聚乙烯薄膜透光率高，土壤增温效果好。

（1）高压低密度聚乙烯（LDPE）地膜。用 LDPE 树脂经挤压吹塑成型的。为设施蔬菜生产上最常用的地膜。该种地膜透光性好，地温高，容易与土壤黏着，适用于北方。

（2）低压高密度聚乙烯（HDPE）地膜。用 HDPE 树脂经挤压吹塑成型的。用于蔬菜、棉花、玉米、小麦等作物。该种地膜强度高，光滑，但柔软性差，不易黏着土壤，不适于沙土地覆盖，其增温保水效果与 LDPE 地膜基本相同，但透明性及耐候性稍差。

(3) 线型低密度聚乙烯（LLDPE）地膜。用LLDPE树脂经挤压吹塑成型的。用于蔬菜、棉花等作物。其特点除了具有LDPE地膜的特性外，机械性能良好，生长率提高50%以上，耐冲击强度、穿刺强度、撕裂强度均较高，其耐候性、透明性均好，但易黏连。

2. 有色地膜

有色地膜是在聚乙烯树脂中加入有色物质制成的。

(1) 黑色膜。在聚乙烯树脂中加入2%~3%的炭黑制成。

透光率仅10%，地膜覆盖下的杂草因光弱而黄化死亡。黑色地膜增温效果差，因此，黑色地膜适宜于夏季高温季节使用。

(2) 银灰色地膜。生产中将银灰粉的薄层黏连在聚乙烯的两面制成夹层膜，或在聚乙烯树脂中加入20%~3%的铝粉制成。该种地膜具有隔热和反光作用，能提高植株株丛内的光照强度，具有驱避蚜虫的作用，但增温效果差，因此，银灰色地膜适宜于夏季高温季节使用。

(3) 黑白两面膜。一面为乳白色，另一面为黑色的复合地膜。覆膜时乳白色的一面向上，黑色的一面向下。具有保墒、阻止透光、增加反射、降低地温和除草的功能，多用于夏季高温季节，生产成本较高。

3. 特殊功能地膜

(1) 除草膜。在地膜制作过程中加入除草剂，地面覆盖后，薄膜凝聚的水滴溶解膜内的除草剂，而后滴入土壤，或在杂草触及薄膜时被除草剂杀死，起到除草作用。在国外已大量使用，我国已试产使用，但目前用于设施蔬菜作物上的除草剂种类较少，而且专用性很强，使用时应特别注意。

(2) 有孔膜及切口膜。为了方便覆盖薄膜及播种、定植，在生产地膜时按照栽培的要求，在膜上打出3.5~4.5cm直径的播种孔，或打出 10~15cm 间距的定植孔，孔间距也可根据作物的要求而定。但因设施蔬菜作物的种植方式不同、作物种类不同，其株行距的差异较大，难以全部满足需要。

三、塑料薄膜拱棚

塑料薄膜拱棚主要指拱圆形或半拱圆形的塑料薄膜覆盖棚，简称为塑料拱棚。按棚的高度和跨度不同，一般分为塑料小拱棚（简称塑料小棚）、塑料中拱棚（简称塑料中棚）和塑料大拱棚（简称塑料大棚）3 种类型。

（一）塑料小拱棚

塑料小拱棚用细竹竿、竹片等弯曲成拱，一般棚高低于 1.5m，跨度 3m 以下，棚内有立柱或无立柱。

1. 塑料小拱棚的类型

依结构不同，一般将塑料小拱棚划分为拱圆棚、半拱圆棚、风障棚和双斜面棚 4 种类型。其中，以拱圆棚应用最为普遍，双斜面棚应用相对比较少。

2. 塑料小拱棚的生产应用

塑料小拱棚的空间低矮，不适合栽培高架蔬菜，生产上主要用于蔬菜育苗、矮生蔬菜保护栽培以及高架蔬菜低温期保护定植等。

（二）塑料中拱棚

塑料中拱棚是指棚顶高度 1.5~1.8m，跨度 3~6m 的中型塑料拱棚。塑料中拱棚的棚体大小和结构的复杂程度以及环境特点等均介于塑料小拱棚和大拱棚之间，可参考塑料大、小拱棚。

塑料中拱棚易于建造，建棚费用比较低，但栽培空间较小，不利于实行机械化生产，应用规模不大。目前，塑料中拱棚主要用于温室和塑料大拱棚欠发达地区，进行临时性、低成本的蔬菜保护地栽培。

（三）塑料大拱棚

塑料大拱棚简称塑料大棚，是棚体顶高 1. 8m 以上，跨度 6m 以上的大型塑料拱棚的总称。

塑料大拱棚主要由压杆和棚膜、拱架、直柱、拉杆 5 部分组成。

塑料大拱棚的棚体高大，不便于从外部覆盖草苫保温，保温能力比较差，北方地区较少用来育苗，主要用来栽培果菜类以及其他一些效益较好的蔬菜。栽培茬口主要有春季早熟栽培、秋季延迟栽培和春到秋高产栽培 3 种。

四、日光温室

日光温室通常坐北朝南，东西延长，东、西、北三面筑墙，设有不透明的后屋面，前屋面通常用塑料薄膜覆盖作为采光面。从建材上又可分为钢筋水泥砖石结构温室、竹木结构温室、水泥结构温室和铜竹混合结构温室。决定温室性能的关键在于采光和保温，至于采用什么建材主要由经济条件和生产效益决定。

（一）日光温室建筑设计

1. 温室方位

日光温室要尽量减少后墙遮阳。一般应坐北朝南，但对高纬度（40°N 以北）和晨雾大、气温低的地区，冬季日光温室不能日出即揭帘受光，这样方位可适当偏西。偏离角应根据当地纬度和揭帘时间确定，一般偏离角不宜大于 10°。温室方位的确定还应考虑当地冬季主导风向，避免强风吹袭前屋面，影响前屋面保温被的覆盖保温。

2. 温室间距

温室间距的确定应以前栋不影响后栋采光为前提。丘陵地区可采用阶梯式建造，平原地区应保证冬至日上午 10：00 阳光能照射到温室的前檐，即使在土地资源非常宝贵的地区，也应保证冬至日中午阳光能照射到温室的前防寒沟。

3. 温室总体尺寸

温室的具体尺寸主要指剖面尺寸。一般根据温室的跨度和高度，组成标准温室，而后墙高度和后坡仰角应根据操作空间要求和当地气候条件确定。有关温室总体尺寸的确定将在后面加以介绍。为了便于操作，温室长度不宜大于100m，温室面积以小于667m²（1亩）为宜。

（二）温室构造

（1）温室南侧或周围应设置防寒沟，沟深度一般应为0.5m，宽度宜为0.3~0.5m，内填保温材料。保温材料热阻应接近或达到后墙热阻，并应保持干燥，防水防潮。防寒沟可设在温室内、外，但室内效果更佳。

（2）冬季以北风或偏北风为主导风向的地区，温室北侧应设置防风障。

（3）为了方便操作，温室前屋面骨架在距温室前檐0.5m水平距离处的高度不应低于0.7m，0.7~0.8m较适宜。

（4）为适应目前草苫子的规格和便于压膜线固膜，温室骨架间距应在0.6~1.2m，推荐间距为0.75~1.0m。

（5）山墙上应设置能上人的台阶，高于2m的山墙和后墙应设安全防护栏，栏高不低于0.9m。

（6）日光温室后屋面投影宽度与跨度之比应在0.13~0.25范围内，日光温室后屋面仰角不应小于25°，也不宜大于45°。

第二节　设施内的环境特点及调控

设施环境一般包括设施的温度、光照、湿度、土壤以及气体条件等。设施环境调节控制的设备和水平直接影响设施蔬菜产品的产量和品质，进而影响经济效益。

生产实践中，必须了解不同设施蔬菜作物生长发育对外界环境条件的要求，并掌握各种农业设施的性能及其环境变化的规律，采用各种措施调节设施内的环境，创造出适宜作物生长发育的环境条件，实现优质、高产、高效栽培的目的。

一、温度及其调控

温度是设施栽培的首要环境条件，任何设施蔬菜作物的生长发育都要求一定的温度范围，所谓的"温度三基点"，即最低温度、最适温度和最高温度。设施栽培应根据不同设施蔬菜作物对温度三基点的要求，尽可能使温度环境处在其生长发育适温内。

（一）设施内温度的一般变化规律

1. 气温

（1）日变化规律。一日中，设施内的最高温度一般出现在13：00—14：00，最低温度出现在日出前或保温覆盖物揭起前。

设施内的日较差大小因设施的大小、保温措施、气候等的不同而异。一般大型设施的温度变化比较缓慢，日较差较小；小型设施的空间小，热缓冲能力比较弱，温度变化剧烈，日较差也比较大。据调查，在密闭情况下，小拱棚春天的最高气温可达50℃，大棚只有40℃左右；在外界温度10℃时，大棚的日较差约为30℃，小拱棚却高达40℃。

小型设施由于温度变化剧烈，夜间温度下降较快，有时夜间设施内的气温甚至低于露地气温，易出现棚温逆转现象。该现象多发生于阴天后，有微风、晴朗的夜间。这是因为在晴朗的夜间，地面和棚的有效辐射较大（地面有效辐射=地面辐射-大气逆辐射），而棚内土壤由于白天积蓄的热量小，气温下降后，得不到足够的热量补充，温度下降迅速；露地由于有空气流动从其他地方带来热量补充，温度下降相对缓慢，从而出现棚内温度低于棚外的温度逆转现象。用保温性能差的聚乙烯薄膜覆盖时，更容易发生此现象。夜间对设施加盖保温覆盖后，设施的日较差变小。晴天的日较差较阴天的大。

（2）季节变化规律。设施内温度受外界温度的季节性变化影响很大。低温期在不加温情况下，温度往往偏低，一般当外界温度下降到-3℃左右时，塑料大棚内就不能栽培喜温性作物，当温度下降到-15℃以下时，日光温室也难以正常栽培喜温性作物。晚春、早秋和夏季，设施内的温度往往偏高，需要采取降温措施，防高温。

2. 地温

（1）日变化规律。一日内，设施内的地温是随着气温的变化而发生变化。一般而言，一日中最高地温一般比最高气温晚出现2小时左右，最低地温值较最低气温也晚出现2小时左右。一日中，地温的变化幅度比较小，特别是夜间的地温下降幅度比较小。

（2）季节性变化规律。冬季设施内的温度偏低，地温也较低。以改良型日光温室为例，一般冬季晴天温室内10cm地温为10~23℃，连阴天时的最低温度可低于8℃。春季以后，气温升高，地温也随着升高。

3. 气温与地温的关系

设施内的气温与地温表现为“互利关系”，即气温升高时，土壤从空气中吸收热量，地温升高；当气温下降时，土壤则向空气中放热来保持气温。低温期提高地温，能够弥补气温偏低的不足，一般地温提高1℃，对作物生长的促进作用，相当于提高2~3℃气温的效果。

4. 温度分布

设施内由于受空间大小、接受的太阳辐射量和其他热辐射量大小以及受外界低温影响程度等的不同，温度分布也不相同。垂直方向上，白天一般由下向上，气温逐渐升高，夜间温度分布正好相反。水平方向上，白天一般南部接受光照较多，地面温度最高；夜间不加温设施内一般中部温度高于四周，加温设施内的温度分布是热源附近高于四周。

（二）设施内温度条件的调控措施

农业设施内温度的调节和控制包括增温、保温和降温 3 个方面。温度调控要求达到能维持适宜于设施蔬菜作物生育的适宜温度，温度的空间分布均匀，时间变化平缓。

1. 增温

随着外界气温的下降，用人工加温的方法补充设施内放出的热量，才能使其内部维持一定的温度。我国北方地区，在严寒的冬季为了维持保护设施内一定的温度水平，以保证作物的正常生育，须进行补充加温，尤其是不能进行外覆盖保温的大型现代化温室，须全程加温。为了既能使保护设施内的作物正常生长发育，又节省能源、降低成本、提高经济效益，在加温设计上必须满足如下要求：加温设备的容量应经常保持室内的设定温度（地温、气温）；设备和加温费要尽量少；保护设施内温度空间分布均匀，时间变化平稳；遮阳少，占地少，便于栽培作业。

各种设施蔬菜均有对温度的生育下限要求，因此，室内设计温度常以不低于生育下限温度为准；关于室外设计气温，多采用数年一遇的低温，或用当地近 30 年中 4 年连续最低气温的平均值。

2. 保温

在生产实践中，常采取如下措施进行保温。

（1）增强设施自身的保温能力。设施的保温结构要合理，场地安排、方位与布局等也要符合保温要求。如适当降低农业设施的高度，缩小夜间保护设施的散热面积，有利于提高设施内昼夜的气温和地温。

（2）用保温性能优良的材料覆盖保温。如覆盖保温性能好

垫，需作水处理，水质未处理时纸质湿垫用几年即严重积垢而失效。

（4）强制通风降温法。大型连栋温室因其容积大，需利用强制通风系统进行通风降温。

二、光照及其调控

“万物生长靠太阳”，设施农业作物的生长发育也与光照密不可分。目前，我国农业设施的类型中，塑料拱棚和日光温室是最主要的，占设施栽培总面积的90%以上。而塑料拱棚和日光温室基本上是以阳光为唯一光源与热源，所以，光环境对设施农业的生产，特别是对喜光设施蔬菜作物的优质高产栽培具有决定性的影响。设施内的光照主要包括光照强度、光照时间、光质和光照分布4个方面。

（一）影响设施光照条件的因素

1. 设施的透光率

设施的透光率是指设施内的光照强度与外界自然光照之比。设施透光率受许多因素的影响，主要有覆盖材料的透光特性、设施结构等。

（1）覆盖材料的透光特性。包括材料对光的吸收率、透射率和反射率。当太阳光照射到覆盖物的表面时，一部分太阳辐射能量被材料吸收；另一部分被反射回空中，剩下的部分才透过覆盖材料进入设施内。3部分的关系表示为：

$$吸收率+透射率+反射率=1$$

透光特性与覆盖物的种类、状态有关。

覆盖物的种类和状态对光质也有较大的影响。如聚乙烯膜的红、紫外光部分的透过率稍高于聚氯乙烯膜，散热快，因而保温性较差。有色薄膜能改变透过太阳光的成分，如浅蓝色膜能透过70%左右可见的蓝绿光部分和35%左右的600nm波长的光；绿色膜能透过70%左右可见光的橙红区和微弱透过600~650nm波长的光。

（2）设施结构对透光率的影响。主要指设施的屋面角度、类型、方位等对设施透光率的影响，相邻温室或塑料棚的间距也有影响。

2. 气候条件对设施内光照强度的影响

因受气候变化的影响，设施内的光照具有明显的季节性变化。总体来讲，低温期大多数时间内，设施内的光照不能满足作物生长的需要，特别是保温覆盖物比较多的温室、阳畦等，其内的光照时间与光照强度更为不足；春秋两季设施内的光照条件有所改善，基本上能够满足栽培需要；夏季设施内的光照虽然低于露地，但较强的光照却往往导致设施内的温度过高，产生高温危害。

（二）设施内光照条件的调控措施

1. 增加光照

增加光照的措施主要有以下几种。

（1）合理的设施结构和布局。

（2）改进栽培管理措施。

①覆盖透光率比较高的新薄膜：一般新薄膜的透光率可达90%以上，使用一年后的旧薄膜，视薄膜的种类不同，透光率一般下降为50%~60%，覆盖效果比较差。

②保持透明屋面洁净：使塑料薄膜温室屋面的外表面少染尘，经常清扫以增加透光，内表面应通过放风等措施减少结露（水珠凝结），提高透光率。

③保温与光照：在保温前提下，尽可能早揭晚盖外保温和内保温覆盖物，增加光照时间。在阴雨雪天，也应揭开不透明的覆盖物，在确保防寒保温的前提下时间越长越好，以增加散射光的透光率。双层膜温室可将内层改为白天能拉开的活动膜，以利

光照。

④保持膜面平展：棚膜变松、起皱时，反射光量增大，透光率降低，应及时拉平、拉紧。

⑤及时消除薄膜内面上的水膜：常用方法，一是拍打薄膜，使水珠下落；二是定期向膜面喷洒除滴剂或消雾剂，有条件的地方应尽量覆盖无滴膜。

⑥合理密植，合理安排种植行向：目的是为减少作物间的遮阳，密度不可过大，否则作物在设施内会因高温、弱光发生徒长，作物行向以南北行向较好，没有死阴影。若是东西行向，则行距要加大，尤其是北方单屋面温室更应注意行向。高架作物则宜实行宽窄行种植，并适当稀植。

⑦加强植株管理：黄瓜、番茄等高秧作物及时整枝打杈，及时吊蔓或插架，并用透明绳架吊拉植株茎蔓等。进入盛产期时还应及时将下部老叶摘除，以防止上下叶片相互遮阳。

此外，设施栽培应选用较耐弱光的品种，还可采用有色薄膜，人为地创造某种光质，以满足某种作物或某个发育时期对该光质的需要，获得高产、优质。但应注意有色覆盖材料透光率偏低，只有在光照充足的前提下改变光质才能收到较好的效果。

（3）利用反射光。一是在地面上铺盖反光地膜；二是在设施的内墙面或风障南面等张挂反光薄膜，可使北部光照增加 50%左右；三是将温室的内墙面及立柱表面涂成白色。下面就反光膜的应用做一介绍：反光膜是指表面镀有铝粉的银色聚酯膜，幅宽 1m，厚度为 0.005mm 以上。

2. 人工补光

连续阴天以及冬季温室采光时间不足时，应进行人工补光。

3. 遮光

遮光主要材料有遮阳网、荫障、苇帘、草苫等。遮光不仅能够减弱保护地内的光照强度；还能降低保护地内的温度。保护地遮光20%~40%能使室内温度下降2~4℃。遮光方法有如下几种。

（1）覆盖各种遮阳物，如遮阳网、无纺布、苇帘、竹帘等。

（2）薄膜表面涂白灰水或泥浆等措施进行遮阳，一般薄膜表面涂白面积30%~50%时，可减弱光照20%~30%；玻璃面涂白及其可遮光50%~55%，降低室温3.5~5.0℃。

（3）屋面流水可遮光25%。

三、湿度及其调控

保护地内部空气的相对湿度与露地有很大的不同，保护地内空间小，气流比较稳定，湿度较高，蒸发量较大，不易和外界空气对流。特别是以塑料薄膜为覆盖材料的保护地设施，由于薄膜的不透气性，空气的相对湿度经常处于饱和或接近饱和的状态。90%~100%的空气湿度除水生作物及食用菌以外，几乎对所有的作物都不利，一般情况下，栽培设施内最好能保持较低的空气湿度和较高的土壤湿度，这样才能获得较高的产量。

设施内形成高湿的原因有5个方面。

（1）在夜晚或寒冷季节，为了保温而不通风，形成高湿条件，相对湿度可在90%~100%。

（2）设施内壁面、屋面、窗帘内面结露落在作物体上，作物上有水滴。

（3）由于作物体本身热容量大，如番茄、黄瓜等果实表面结露。

（4）作物本身排出的溢液（吐水现象）。

（5）“雾”的发生，散落在作物体上。

四、土壤及期调控

（一）土壤酸化

土壤酸化是指土壤的pH值明显低于7，土壤呈酸性反应的现象。

1. 土壤酸化对蔬菜的不良影响

土壤酸化对蔬菜的影响很大，一方面能够直接破坏根的生理机能，导致根系死亡；另一方面还能够降低土壤中磷、钙、镁等元素的有效性，间接降低这些元素的吸收率，诱发缺素症状。

2. 土壤酸化的原因

大量施用氮肥导致土壤中的硝酸积累过多是引起土壤酸化的主要原因。此外，过多施用硫酸铵、氯化铵、硫酸钾、氯化钾等生理酸性肥也能导致土壤酸化。

3. 主要防治措施

（1）合理施肥。氮素化肥和高含氮有机肥的 1 次施肥量要适中，应采取“少量多次”的方法施肥。

（2）施肥后要连续浇水。一般施肥后连浇 2 次水，降低酸的浓度。

（3）加强土壤管理。如进行中耕松土，促根系生长，提高根的吸收能力。

（4）对已发生酸化的土壤应采取水洗酸法或撒施生石灰中和的方法提高土壤的 pH 值，并且不得再施用生理酸性肥料。

（二）土壤盐渍化

土壤盐渍化是指土壤溶液中可溶性盐浓度明显过高的现象。

1. 土壤盐渍化对蔬菜的不良影响

当土壤发生盐渍化时，植株生长缓慢，分枝少；叶面积小，叶色加深，无光泽；容易落花落果。危害严重时，植株生长停止，生长点色暗、失去光泽，最后萎缩干枯；叶片色深、有蜡质，叶缘干枯、卷曲，并从下向上逐渐干枯、脱落；落花落果；根系变褐色坏死。

土壤盐渍化往往是大规模造成危害，不仅影响当季生产，而且过多的盐分不易清洗，残留在土壤中，对以后蔬菜的生长也会产生影响。

2. 土壤盐渍化的原因

土壤盐渍化主要是由于施肥不当造成的，其中，氮肥用量过大导致土壤中积累的游离态氮素过多，是造成土壤盐渍化的最主要原因。此外，大量施用硫酸盐（如硫酸铵、硫酸钾等）和盐酸盐（如氯化铵、氯化钾等）也能增加土壤中游离的硫酸根和盐酸根浓度，发生盐害。

3. 主要防治措施

（1）定期检查土壤中可溶性盐的浓度。土壤含盐量可采取称重法或电阻值法测量。

称重法是取 100g 干土加 500g 水，充分搅拌均匀。静置数小时后，把浸取液烘干称重，称出含盐量。一般蔬菜设施内每 100g 干土中的适宜含盐量为 15~30mg。如果含盐量偏高，要采取预防措施。

电阻值法是用电阻值大小来反映土壤中可溶性盐的浓度。测量方法是：取干土 1 份，加水（蒸馏水）5 份，充分搅拌。静置数小时后，取浸出液，用仪器测量浸出液的电传导度。蔬菜适宜土壤浸出液的电阻值一般为 0.5~1mΩ/cm。如果电阻值大于此值范围，说明土壤中的可溶性盐含量较高，有可能发生盐害。

（2）适量追肥。要根据作物的种类、生育时期、肥料的种类、施肥时期以及土壤中的可溶性盐含量、土壤类型等情况确定施肥量，不可盲目加大施肥量。

（3）淹水洗盐。土壤中的含盐量偏高时，可利用空闲时间引水淹田，也可每种植 3~4 年夏闲 1 次，利用降水洗盐。

（4）覆盖地膜。地膜能减少地面水分蒸发，可有效地抑制地面盐分积聚。

（5）换土。如土壤中的含盐量较高，仅靠淹水、施肥等措施难以降低时，就要及时更换耕层熟土，将肥沃的田土换入设施内。

五、气体及其调控

设施作物是设施的主体，根据设施内气体对作物是有益还是有害，可将气体分为有益气体和有害气体两种。

有益气体主要是二氧化碳和氧气。光合作用是作物生长发育的物质能量基础，而 CO_2是绿色植物进行光合作用的重要原料之一。在自然环境中，CO_2的浓度为 300μL/L 左右，能维持作物正常的光合作用。各种作物对 CO_2的吸收存在补偿点和饱和点。在一定条件下，作物光合作用吸收的 CO_2量和呼吸作用放出的 CO_2量相等，此时的 CO_2浓度称为 CO_2补偿点；随着 CO_2浓度升高光合作用也会增加，当 CO_2浓度增加到一定程度，光合作用不再增加，此时的 CO_2浓度被称为 CO_2饱和点；长时间的 CO_2饱和浓度可对绿色植物光合系统造成破坏而降低光合效率。把低于饱和浓度可长时间保持较高光合效率的 CO_2浓度称为最适 CO_2浓度，最适 CO_2浓度一般为 600~800μL/L。

同样，作物生命活动需要氧气，尤其在夜间，光合作用因为黑暗的环境而不再进行，呼吸作用则需要充足的氧气。地上部分的生长需氧来自空气，而地下部分根系的形成，特别是侧根及根毛的形成，需要土壤中有足够的氧气，否则，根系会因为缺氧而窒息死亡。此外，在种子萌发过程中必须要有足够的氧气，否则，会因酒精发酵毒害种子使期丧失发芽力。

有害气体主要是氨气、二氧化氮、二氧化硫、乙烯、邻苯二甲酸二异丁酯等气体。设施具有半封闭性，在低温季节，温室大棚经常密闭保温，很容易积累有毒气体造成危害。如当大棚内氨气太多时，植株叶片先端会产生水渍状斑点，继而变黑枯死；当二氧化氮达 2.5~3μL/L 时，叶片发生不规则的绿白色斑点，严重时，除叶脉外，全叶都被漂白。

第三章　大白菜

第一节　概述

一、我国大白菜生产现状及发展趋势

（一）大白菜生产现状

白菜类蔬菜是十字花科芸薹属芸薹种中的亚种和变种，是以柔嫩的丛叶、肉质茎、叶球或花球等为产品的蔬菜，包括白菜、甘蓝、芥菜3个种，白菜和芥菜起源于亚洲内陆温带地区。大白菜亚种可以分为“散叶”、“半结球”、“花心”和“结球”等四个变种。大白菜又称结球白菜或黄芽菜，具有营养丰富、品质鲜嫩、高产稳产、耐贮藏、耐运输等特点。大白菜在我国经过长期的驯化栽培，形成了叠抱、合抱、拧抱和花心等多种类型，目前已培育出春、夏、秋各种生态类型，早、中、晚熟配套，可供四季栽培的大量优良品种。大白菜栽培面积和消费量在我国居各类蔬菜之首，是北方地区冬贮量最大的蔬菜，对均衡市场供应和稳定蔬菜价格具有举足轻重的作用。

（二）大白菜生产前景

大白菜品种丰富，生态类型多样，分布面积广，产量高，耐贮运，供应期长，营养丰富，食用方法多样，种植简易、省工、成本低，价格低廉，是名副其实的大众化蔬菜，在我国居民菜篮子中占重要地位。随着蔬菜业生产水平的提高，大白菜栽培技

术、栽培方式也在不断提高和发展，主要表现在以下几方面。

1. 生产方式由传统的季节性栽培各保护地设施栽培发展

（1）露地栽培。传统的大白菜生产一般是秋季露地栽培。北方地区 7—8 月播种，10—11 月采收，冬季自然条件下贮存。目前冬贮大白菜栽培面积逐渐减少，但露地生产仍是大白菜的主要栽培形式。

（2）地膜覆盖栽培。这是大白菜春季栽培最简单的模式，春季在大棚或温室育苗，外界条件适宜时定植于露地，然后覆盖地膜，促进缓苗。对北方地区的“倒春寒”有一定抵抗作用。

（3）中、小拱棚栽培。早春在温室、大棚育苗，外界温度适宜定植于露地，然后利用小拱棚或中棚覆盖。是大白菜春早熟栽培的有效方式之一。

（4）遮阳网栽培。是夏季大白菜（也叫耐热大白菜）反季节栽培的一种方式。6—7 月播种，8—9 月收获。耐热大白菜最高耐受 35℃，但夏天最高气温往往高于 35℃，因此，生产上常采取大棚外覆盖遮阳网的方式降温，保证大白菜正常生长。

（5）防虫网栽培。利用冬春蔬菜在夏季空闲棚架，覆盖防虫网种植大白菜，作为设施蔬菜的一项环保型反季节栽培新技术，在我国部分地区已开始应用。防虫网覆盖栽培有利于无公害蔬菜生产与食品安全，开发应用前景看好。越夏大白菜覆盖防虫网，既可阻隔大部分害虫侵入，又能扰乱害虫视觉并改变害虫行为；可有效预防菜青虫、小菜蛾、蚜虫、美洲斑潜蝇、白粉虱等多种害虫的为害，同时可直接阻隔部分害虫对病毒的传播，从而减轻大白菜病毒病的发生；还能调节设施的温湿度并提高环保生态效益。

2. 大白菜品种需求出现了新的发展趋势

大白菜的品种特性决定产品的特性，随着市场对大白菜产品多样化、优质化要求的不断提高，大白菜品种也由单一的秋大白菜品种向春白菜、夏白菜及早秋白菜等配套品种发展。近年来，彩色大白菜、高山娃娃菜等一些新的品种成为消费热点。

（1）反季节栽培春夏大白菜品种需求增加。春季大白菜生产满足了南北方 5—7 月市场需求，反季节夏白菜生产可以解决夏季蔬菜淡季的供应。目前，市场上春白菜品种主要来源于韩国和日本，其缺点是抗病毒病和抗干烧心的能力较差，且生长期较长。近年来，我国育成的春白菜京春 99 号、冠春等品种，在晚抽薹性和产量方面还有待进一步提高。北方地区抗高温干旱的夏白菜品种，仍不能满足生产需求。

（2）耐贮运品种需求呈上升趋势。随着我国贮运和外贸行业的发展以及大白菜特产区的增加，相应的大白菜品种也应紧紧跟上。目前，在我国北方地区春季和高寒山区夏季广泛种植的春白菜品种，虽然晚抽薹性较强，但抗病性、品质和耐贮性还不能满足人们需要。近年来，生产中广泛种植的北京新三号、北京小杂 61 号品种以及中白系列新品种，具有抗病、耐贮运和大小一致、上下等粗、易于包装、优质等特点，弥补了老品种的不足，而且在口感上继承了味浓爽脆的优点。

（3）特色优质品种前景看好。培育优质、综合性状好的特色大白菜品种是今后长期努力的方向。可进一步培育新、奇、特、高营养或具有特殊颜色和风味的品种，如黄心、橘红心品种；为了满足超市和出口的需要，培育结球紧实、外观漂亮、耐贮运、货架期长的中小型品种；从食用需求出发，还可培育生食的多汁脆嫩品种，叶大绵软的包饮品种以及快餐等专用品种。

（4）加工品种是大白菜发展方向之一。我国每年生产大白菜数量很大，随着大白菜加工业的发展，相应的加工专用品种的需求是育种的新目标之一。加工品种一般要求产量高、营养丰富、干物质含量高，但不同加工方法对大白菜品种的需求也不尽相同，所有针对性培育加工专用型品种甚为重要。

（5）抗病品种是大白菜育种的重要目标之一。高抗病虫害品种永远是大白菜育种最重要的目标之一，栽培上使用抗病品种不但省工省时，而且可以表达其品种的优良特性，还可以有效减少喷药次数，生产绿色无公害产品，这对销售和出品至关重要。

（6）外销品种潜力大。发展外销品种是大白菜发展的一个重要方向，根据不同地区的消费习惯和爱好，将大白菜推广为国际化蔬菜。如东南亚人喜爱外观好、质优、长短一致、上下等粗、耐贮运、货架期长的北京新三号类型，欧美国家喜欢合抱类型，日本和韩国喜欢黄心类型等。

二、我国北方气候特点及大白菜茬口安排

大白菜要求温和的气候条件，主要安排在秋凉季节栽培。大白菜适播期较短，提前播种容易引起病毒病，延迟播种容易出现包心不紧实现象，影响大白菜的产量和品质。我国北方各地都有比较确切的适宜播种期。

此外，确定秋季大白菜的播种期还要考虑大白菜品种、栽培技术和当地当年的具体气候条件等因素。除秋季栽培外，一些地方特别是城市郊区夏白菜栽培比较多，夏白菜栽培应选用早熟、耐热的品种，于夏季（7 月中下旬）播种，国庆节前收获上市。反季节大白菜栽培（即春大白菜栽培）近几年发展迅速，该茬大白菜应选用栽培期极短（70 天以内）的抗抽薹品种，早春保护地育苗，露地定植，于初夏收获上市，效益比较好。

三、大白菜品种类型与栽培习性

（一）大白菜生长发育期

大白菜的生长发育过程可分为营养生长和生殖生长两个阶段，全生育期可分为种子发芽期、幼苗期、莲座期、结球期、休眠期、返青抽薹期、开花期、结荚期 8 个时期。

营养生长阶段：主要进行营养器官的生长，可分为种子发芽期、幼苗期、莲座期、结球期及休眠期。

1. 种子发芽期

从种子萌动发芽至出土、真叶显露为发芽期。在适宜的温度和土壤水分条件下需 3~5 天，此期主要消耗种子中贮藏的养分。

2. 幼苗期

从真叶显露至 5~8 片叶展开，形成第一个叶环。早熟品种幼苗期发生 5 片叶，需 12~15 天。晚熟品种幼苗期发生 8 片叶，需 18~22 天。播种后 7~8 天，基生叶生长至与子叶大小相同，并与子叶互相垂直排列成“十”字形，这一现象称为“拉十字”，然后，继续生长形成第一个叶环。第一叶环的叶数依据品种的叶序而异，早熟品种叶序为 2/5，约 5 片展开叶；晚熟品种为 3/8 叶序，约 8 片展开叶，所有叶片都计算在内，共有 12~18 片叶。这些叶片按一定的开展角度规则地排列成圆盘状，俗称“开小盘”或“团棵”，这是幼苗期结束的临界特征。进入幼苗期后，根系开始向纵向发展，而且生长速度很快。

3. 莲座期

从第一个叶环结束至第三个叶环的叶片完全长出，植株开始出现包心时即为莲座期。一般需 20~30 天，早熟品种 20~21 天，晚熟品种 27~28 天。莲座期所有的外叶都全部展开，形成一个旺盛、发达的莲座叶丛，为叶球的形成准备了充足的同化器官。莲座期长出的幼小顶生叶即球叶，在莲座叶全部长大时，植株中心的幼小球叶按褶抱、合抱和拧抱的方式抱合而出现卷心现象，这是莲座期结束的临界特征。莲座期主根继续伸长，侧根已相当发达。

4. 结球期

从心叶开始抱合至叶球形成，直至收获为结球期。早熟品种需 25~30 天，晚熟品种需 50 天左右。从田间群体来看，有 80%

的植株开始包心时，栽培上就要开始进行结球期管理，以促进顶生叶的生长，继而形成叶球。结球期可分为结球前期、中期和后期。结球前期是指叶球外层的叶片先迅速生长并向内弯曲，而构成叶球的轮廓，叶球的外貌已经形成，这一长相俗称“抽筒”或“长框”，这是结球前期结束的临界特征。此期第1~5片球叶迅速发育，根系不再伸长，但侧根分级数和根毛楼在地表30cm土层中，吸收水分、养分的能力很强。结球中期是指叶球内部的叶片迅速生长而充实内部，这一现象俗称“灌心”，此期第6~10片叶发育旺盛，结球期前后生长点已停止分化叶片并开始进行花芽分化，叶数不再增多。结球后期叶球的体积不再增大，只是继续充实内部，特别是第11~17片叶发育旺盛，但生长量的增加逐渐下降，生理活动减弱，外叶逐渐衰老，叶缘出现黄色，不久进入休眠期。整个结球期是大白菜养分累积时期，也是产品形成期。结球前期根系继续扩大，中期和一期停止发展，“抽筒”前在浅土层（20cm以上）发生大量侧根和分根，出现所谓“翻根”现象。

5. 休眠期

因气候转冷叶球被迫由生长状态进入休眠状态。在南方冬季较温暖的地区大白菜没休眠期。大白菜休眠不是生理休眠，而是强迫休眠，当遇到低温和长日照条件后不再休眠，直接进入生殖生长阶段。在休眠期大白菜生理活动力很弱，不进行光合作用，只有微弱的呼吸作用，外叶的部分养分仍继续向球叶运输，并依靠叶球贮存的养分和水分生活。休眠期内继续形成花牙和幼小花蕾，为转入生殖生长做准备。

（二）大白菜栽培对产地环境条件的要求

1. 基本要求

无公害大白菜产地应选择在生态条件良好，远离污染源，并具有可持续生产能力的产业生产区域。以“三废”污染轻的地区作为无公害大白菜生产基地选择的基本条件，基地附近（方圆1 000m以内）没有造成污染源的工、矿企业；基地距主干公路线200m以上；基地距医院、生活污染源2 000m以上；有毒、有害的化学投入品应有严格管理规定，不允许在棚室内和田间存放。

2. 土壤要求

应选择地势高燥平坦，排灌方便，地下水位较低，土壤耕层深厚、疏松、肥沃、结构适宜、理化性状良好的沙壤土、壤土、轻黏土栽培，要求土壤肥力较高，有机质含量丰富。

3. 灌溉条件

大白菜生产基地的灌溉条件应是深井地下水或水库等清洁水源，避免使用污水或塘水等污染水灌溉。山地农区河流的上游，没有工矿污染的可用地表水。

四、大白菜平衡施肥技术

大白菜不同的生育期，对氮、磷、钾的需求量和需求比例不同。总的吸肥规律是苗期吸收养分较少，氮、磷、钾的吸收量不足总吸收量的1%；莲座期明显增多，占总量的10%左右；结球期吸收最多，占总量的90%左右。发芽期至莲座期吸收的氮最多，钾次之，磷最少。氮素充足则叶面积大，叶绿素含量高，制造的碳水化合物也随着增加，从而促进叶球的生长，提高了产量；但氮素过多而磷、钾肥不足，也会影响氮素的吸收，易使植株徒长，含水量增多，品质和抗病性均受影响。结球期吸收的钾最多，氮次之，磷最少。这是因为结球期需较多的钾以促进光合产物的制造，同时，还需要大量的钾促进光合产物由外叶向叶球运输并贮藏，钾还能提高植株抗性，改善品质。磷在整个生育期吸收量均较少，但磷有促进植株生长点组织细胞的分生作用，使叶原基分化加速，叶数增加，叶球容易形成，还使根系分支增多且发达，提高吸收养分和水分的能力。因此，生产中大白菜施肥要注意氮、磷、钾均衡施用、适时施用、适量施用，以满足各个生育时期的需求，最终达到高产优质的目的。一般每生产5 000kg大白菜约需要氮（N）7.5kg、磷（P_2O_5）3.5kg、钾（K_2O）10kg，其比例为1∶0.47∶1.33。

（一）施肥原则

根据大白菜需肥规律、土壤养分状况和肥料效应，通过土壤测试，确定相应的施肥量和施用方法，按照有机肥与无机肥相结合、基肥与追肥相结合的原则，实行平衡施肥。不使用城市废弃物、城市垃圾和污泥，不使用未经过发酵腐熟、未达到无害化指标的人、畜粪尿等有机肥料。选用肥料应达到国家有关产品质量标准，满足无公害大白菜对肥料的要求。

（二）基肥

大白菜生育期长，需要大量长效的优质有机肥，生产中应结合整地施用足量的有机肥，一般每亩（1亩≈667m^2。全书同）不少于5 000kg。在整地前先将60%有机肥深翻入土，耙地前把剩余的40%撒在地面耙入浅土层。同时，每亩施过磷酸钙50kg。

（三）追肥

1. 提苗肥

基肥的肥效发挥慢，幼苗期要追施少量速效氮素化肥作为提苗肥，以促进幼苗的生长，每亩追施硫酸铵5~8kg。

2. 发棵肥

莲座期生长量和生长速度都很大，充足的肥水供应是莲座叶强壮生长的保证。发棵肥施用不宜过早，以防止莲座叶徒长而导致延迟。一般在植株开始团棵时条施，每亩施尿素15~20kg、硫酸钾10kg。施肥2天后进行浇水，然后中耕蹲苗。

3. 结球肥

结球期是形成产品的关键时期，生长量大，需肥量也最大。

如果此期脱肥，将直接影响包心紧实度，影响大白菜的产量和质量。结球初期和中期每亩分别随水冲施硝酸铵 15~20kg、硫酸钾 10~15kg。包心期可用 1%过磷酸钙浸出液叶面喷雾 3 次，以促进结球并有防止干烧心的作用。

第二节　露地大白菜高效栽培模式

一、春季大白菜地膜覆盖栽培

地膜覆盖栽培是在露地栽培的基础上发展起来的一种栽培模式，在我国大部分地区均可采用。地膜覆盖不仅可以提高土壤温度，保持湿度，还可以促进白菜的株高、叶片数、叶面积及根系的发育。在雨季来临后，还可以避免大雨和暴雨的冲刷，而且还能抑制杂草生长、减少中耕次数，省工省力，降低成本。

（一）品种选择

春种大白菜一般选择早熟品种，以生育期在 60 天左右、冬性强耐抽薹的品种为最佳。可选择春夏王、日本春大将、鲁春白一号、阳春、春冠、郑研春白一号等品种。一些秋播的中早熟品种，只要叶球生长速度快，有较强的冬性，也可作为春大白菜品种进行栽培。

（二）播种育苗

1. 播种期的确定

春季大白菜对播种期要求严格，播种过早，气温低，易通过春化，造成先期抽薹；播种过晚，则由于后期温度太高影响结球，而且病虫害严重，影响产量及品质。因此，适期播种是获得春大白菜高产优质的基础。春大白菜的适宜播种期因育苗、栽培方式的不同而不同。小拱棚育苗露地地膜覆盖栽培的育苗时间在 3 月上中旬，露地地膜直播栽培过程中，应根据温度变化适当增减拱棚的覆盖物，同时，注意棚内最高温度不能高于25℃。

2. 播种育苗及苗期管理

（1）直播及苗期管理。春季大白菜栽培可直播也可育苗。直播一般在播前7~10天浇水造底墒。播种时在垄上或畦内开2~3cm浅沟，行距50cm，然后进行条播。每亩播种量100~125g，播种后覆平垄面或畦面后盖上地膜，以利于出苗。直播大白菜一般在出苗后要及时间苗2~3次，4~5片真叶时定苗，行距50cm，株距30~40cm。

（2）育苗及苗期管理。利用阳畦、大棚等设施育苗，可提前1个月播种。当设施内5cm地温稳定在10℃以上时，做宽1~1.2m、长20m左右的平畦，浇透底水，待水渗下后撒播，每亩播种量150~200g，播后覆土0.5~1.5cm厚。幼苗期应注意保证设施内温度在10~25℃，昼夜温差以10℃左右为宜，温度低于10℃易发生先期抽薹。大白菜幼苗对温度要求很严格，温度过高，幼苗易徒长且细弱；过低，则幼苗生长缓慢。因此，应小水勤浇，保证土壤相对含水量在70%~85%。大白菜属中光性蔬菜，苗期对光照要求不太严格，但也要保证一定的光照强度，防止幼苗徒长细弱。幼苗生长量较小，对养分的吸收量很少，在苗床基肥充足的情况下，一般不需追肥。当幼苗长至4~5片真叶时即可定植。

（三）整地定植

春季栽培大白菜的地块，冬前最好深耕晒垡，翌年春季土壤解冻后每亩施腐熟优质圈肥5 000kg，耕翻后耙平做畦，畦宽1~1.5m，畦长20m左右；或耙平后起垄，垄距50cm，垄高15cm，底宽30cm。为了便于管理，最好做成60cm、40cm的大小行。

春季大白菜应选在晴天上午定植，以利于缓苗。定植时，应将幼苗带土起出，放在垄上，要注意轻拿轻放，避免弄碎土坨，损坏根系。在垄上按株距挖穴并浇水，一般以行距50cm、株距

30~40cm 为宜，水渗下后将苗放入穴内，立即覆土并平整畦面，覆土深度以不埋幼苗子叶为宜。由于春大白菜多为早熟品种，株型和开展度较小，要适当密植才能充分利用土地，提高单位面积产量。一般每亩定植3 300~4 500株。

（四）地膜覆盖

整地和起垄时要求土壤特别细碎，垄面平整，清除前茬作物的根茬、破碎的地膜及其他杂物。垄栽时，覆盖 90~95cm 宽的地膜，垄沟底不覆盖；畦栽或平畦直播，用 1.2~1.3m 宽的地膜，每垄或每畦一幅。覆膜时一定要拉紧、盖平，使地面与垄面覆贴紧密，膜的四周要用土压严，使膜不易被风吹动。覆盖地膜可在大白菜播种后进行，也可在播前进行。一般春季直播大白菜在播种后覆膜，这样有利于提高地温，快速出苗。但出苗后，应及时划口放苗，使幼苗露出膜外，以免在中午地膜下局部温度过高使幼苗受伤，放苗后要注意及时封严划口，以只证地膜的保温效果。目前，秋播和部分春播大白菜多采用覆膜后再播种或移栽，即盖膜后按株距要求打孔穴播或用刀片划十字口，前及时用湿土将膜孔口封严。开口孔径不宜太小，口径太小易灼伤幼苗，以 8~10cm 为宜。在地膜发生破损时应及时压土盖严。育苗移栽的应采用营养土方育苗，移栽时少伤根系。

（五）田间管理

对于直播的大白菜，在幼苗 2 叶期和 4 叶期时进行 2 次间苗，每穴留双苗，幼苗 7~8 片叶进进行定苗，定苗密度与育苗移栽相同。春白菜定植时温度较低，且地膜覆盖后地面蒸发水量减少，因此，缓苗前一般不浇水或少浇水，以利于提高地温，促进缓苗。缓苗后，温度逐渐升高，植株对肥水需求量越来越多，此后应一促到底，肥水齐攻。缓苗后浇第一水，团棵时结合浇水追 1 次速效性氮肥，每亩施尿素 15~25kg。之后每隔 5~7 天浇 1 次水。植株进入莲座期进行第二次追肥，每亩施磷酸二铵或三元复合肥 40~50kg。此后依据植株生长状况每隔 15~20 天施 1 次肥，用量同上。在莲座末期和结球初期不能沿袭“头水晚、二水赶”的传统习惯，因为地膜覆盖的土壤不易板结，能经常保持疏松状态，所以，浇水要求均匀，每次间隔时间基本相同，一般浇水 3~4 次，比不盖地膜的要少浇 1/3 的水量。收获前 10 天停止浇水。

（六）采收

春大白菜结球时温度已高，收获过晚，易引起抽薹。同时，过于紧实的叶球遇高温或遇雨易腐烂。因此，春大白菜结球达七八成时，即应陆续收获，最好至完全成熟时采收完毕。春大白菜销售季节气温高，不利于贮藏，应随采随售，收获时可去除老叶、病叶，精菜上市。

二、夏季大白菜露地栽培

北方地区夏大白菜生长处于盛夏季节的 6—8 月，该季节的突出特点是前期高温干旱、后期闷热多雨。前期偏高的温度、长日照和强光照等因素，对大白菜植株的正常生长产生不利影响；后期偏高的湿热以大白菜的根系生长不利，一定程度上制约了植株生长对养分的需求。另外，不利的气候条件又是大白菜病害的诱发因子，尤其是病毒和软腐病发生严重，蚜虫及菜青虫等虫害也很多。要获得夏季大白菜栽培的成功，就必须克服这些不利的条件，促进大白菜正常结球，使大白菜获得高产稳产。

（一）品种选择

夏大白菜一般选用生育期短（不超过 60 天）、生长速度快、耐热、耐涝、品质优良且抗病的品种。目前，适合北方地区栽培的品种主要有夏宝、夏冠、优夏王、夏白 45、夏白 50、西白一号、热抗王、春夏王等，根据品种特性和市场需求可从 5 月中旬至 7 月中旬排开播种，分期采收上市。

（二）播种育苗

1. 确定播种期

根据当地的蔬菜淡季和栽培习惯不同，确定播种时期，达到适时收获。

2. 选地整地

选择地势较高、土层深厚、肥力中上、排灌方便、土壤疏松、透气良好、前茬为非十字花科的壤土或沙壤土地块。平畦育苗时，苗床做成宽1m、长10m的平畦，畦面要略高于四周地块，以便排水；高垄直播时，定植田每亩施入腐熟有机肥4 000~5 000kg，做宽25~30cm、高10~15cm的高垄，垄距50~60cm。这样一方面可减轻土壤中的病虫为害；另一方面可以缓解后期雨水过多引发的软腐病。

3. 播种

用“增效菜丰宁”拌种可预防白菜软腐病，按种子与药剂1∶1的比例，将种子浸湿后拌入药剂，阴干后播种。平畦育苗时，苗床于播种前浇透水，然后进行撒播，播后覆土厚0.5~0.8cm，并覆盖遮阳网；高垄直播时，可在垄上开浅沟条播，也可按确定的株距穴播，每亩播种量75~100g。播种后在沟（或穴）内浇水，但浇水量不可漫过垄，防止造成土壤板结，影响出苗。夏季大白菜不要在大雨前播种，防止“雨拍”，若播后突降大雨，要用塑料薄膜覆盖。在整个出苗期间应保持土壤湿润，不能使垄面白干，以免地温过高而发生烧苗现象。

4. 出苗后管理

夏季大白菜直播栽培应在齐苗后及时间苗，幼苗1~2片真叶、3~4片真叶时各间苗1次，5~6片真叶时定苗，株距以30~35cm为宜，每亩定苗4 000株左右。定苗时，注意淘汰病、弱、残苗。利用育苗畦移栽，要做到遮阳网在10：00—16：00及雨前遮盖，早、晚及阴天揭开，以防幼苗徒长和大雨冲刷。大白菜育苗栽培时，播种后也要保持育苗畦地面湿润，天旱时可于早、晚时期撒水或浇小水。幼苗出土后要及时间苗，防止幼苗拥护徒长，2 片真叶时进行第二次间苗，3~4 片真叶时定苗，7~8cm 见方留 1 株苗。注意苗期蚜虫、跳甲、夜蛾类害虫的防治。

（三）整地定植

大白菜定植适宜苗龄为 15~18 天（5~6 片真叶），幼苗不宜过大，否则，栽植时易伤根。定植前结合整地每亩施腐熟有机肥 3 000~4 000kg、三元复合肥 50~75kg、过磷酸钙 20kg。一般于 16：00 以后或阴天定植，切忌在烈日的中午定植。高垄定植，株距 30~35cm，垄距 50~60cm，垄高 10~15cm，每亩保苗约 4 000株。移栽前 1 天给苗床浇少量水，便于起苗时带土坨移栽，利于成活。幼苗栽于高垄的中部，每穴 1 株苗，栽植不宜过深，以浇水时水面刚至根部、子叶贴近地面为度，防止浇水时泥土淤心或积水引发软腐病。栽后覆土封穴，注意不要用手压实。定植 3~4 天后要及时查苗补苗。

（四）田间管理

1. 中耕松土

夏季大白菜生长期间多处于高温多雨季节，容易发生土壤板结和草荒。因此，缓苗后土壤见干见湿时开始经常进行中耕松土。中耕时要按照“头锄浅，二锄深，三锄不伤根”和“深耪沟，浅耪背”的原则。大白菜封垄后，停止中耕松土。

2. 肥水管理

夏季温度高，土壤水分蒸发快，应注意浇水始终保持土壤湿润，严防土壤干湿不均。在极度高温、干旱天气应小水勤浇，既可补充土壤水分，又可降低土壤温度。降雨时或雨后应及时排水，以防田间积水造成烂根。夏白菜包心前 10 ~15 天浇 1 次透水，然后再进行中耕蹲苗，浇蹲苗水后追施 1 次壮心肥，每亩可追施叶菜专用肥或三元复合肥 25kg。结球期要注意保持土壤水分，地表发白时及时浇水，结合浇水每亩施尿素10kg或硫酸铵15kg，以穴施或沟施为主，施肥点应远离植株8~10cm，以免伤根。收获前5~7天停止浇水。

3. 病虫害防治

夏白菜主要病害有霜霉病和软腐病，出现病株后要及时拔除。霜霉病可在发病初期用40%三乙膦酸铝可湿性粉剂200~300倍液，或50%甲霜·锰锌可湿性粉剂500~600倍液喷雾防治。软腐病可在发病初期用72%硫酸链霉素可溶性粉剂3 000~4 000倍液喷雾防治，也可用新植霉素4 000倍液浇灌病株及其周围健株的根标土壤。夏白菜主要虫害为菜青虫，可用50%辛硫磷乳油1 000倍液防治。

（五）采收

夏大白菜栽培正处于高温期，一般提前收获，当叶球长至七成大小时即可陆续采收上市。否则，有些品种会发生裂球，降低商品价值，造成不必要的损失。采收时间以午后为好，菜砍下后应晾晒至外叶发软，并注意剔除病菜，然后整理上市。为了避免集中上市造成采收不及时，可排开播种时间，分批成熟，分期收获上市。

三、早秋大白菜露地栽培

我国北方地区9月下旬至10月中旬是蔬菜供应淡季，此季鲜菜品种少，供应量严重不足。早秋大白菜是夏季大白菜收获后，秋季晚熟大白菜上市之前供应市场的大白菜，其生产周期短，栽培方法简易，收益较高。早秋大白菜生长前期处于高温干旱季节，后期天气逐渐转凉，栽培技术难度较小，目前栽培面积不断扩大。

（一）品种选择

早秋大白菜应根据当地气候条件和消费习惯选择耐高温、抗病、生育期短、结球性强、商品性好、丰产的优良品种。一般宜选用生育期为55~60天，单球重为1.5~2.5kg的品种。主栽品种可选用秋早55、郑早60、攻关4号、早熟5号、小杂56、鲁白12号等，各地区可根据消费习惯进行选择。

（二）田间管理

1. 间苗、定苗

早秋大白菜播种2天即可出苗，一般在出苗后5~6天、拉十字期（2片子叶展开）时进行第一次间苗，4片真叶时进行第二次间苗，5~6片叶时进行第三次间苗，7~8片叶时定苗。定苗时注意选留大苗、壮苗，株距保持35~40cm，每亩保苗3 000~3 200株。

2. 肥水管理

早秋大白菜应肥水齐攻，一促到底，不蹲苗。追肥宜少量多次，一般定苗后，每亩追施尿素15kg。莲座末期至结球初期，每亩施尿素15~25kg、磷酸二铵25~30kg、三元复合肥20~25kg。可将肥料施在垄两侧，施肥后适当培土扶垄，并及时浇水。浇水次数可根据降水情况而定，以确保垄面见湿不见干为宜。

3. 病虫害防治

早秋大白菜应及时防治猿叶虫、蚜虫、菜青虫、小菜蛾等，苗期为防治重点期。病害主要是病毒病、软腐病，除选用抗病品种外，还须加强栽培管理，如起垄直播，避免大水漫灌，拔除感病株等措施。

（三）采收

早秋大白菜进入结球期后，天气逐渐转凉，是产量形成的关键时期，应加强田间管理，保证叶球充实，当叶球长至六七成时，可根据市场需求及时收获上市。

第三节　设施大白菜高效栽培模式

一、春季大白菜小拱棚栽培

（一）品种选择

春季大白菜小拱棚栽培宜选用生长期短、一般为 50~60 天，冬性强，不易未熟抽薹的结球品种。适宜品种有健春、阳春、强势春、春夏王等。

健春是从日本引进的春播大白菜一代杂交种。生长期 81~83 天，生长势强，植株整齐，株高约 40cm，开展度约 65cm。外叶深绿色，白帮，叶球矮桩合抱、紧实，内叶浅黄色。球高约 28cm，球径 16~18cm，球形指数 1.5，单株净菜重 2.5~3kg。

（二）培育壮苗

要想使早春白菜结球，必须避免春化抽薹。因此，需要在温室、温床或改良阳畦内育苗，尽可能保持苗床温度不低于 15℃，以避免经过低温而过早完成春化，造成不必要损失。一般于 12 月底至翌年 1 月上中旬播种育苗。把白菜种子用温水浸泡 30 分钟，然后用透水透气良好的布包上放在 20~28℃条件下催芽。配制营养土时，按园土与腐熟马粪 6：4 的比例，再加少量过筛的炉灰，混合均匀，抹成 4~5cm 厚的泥层，用叉子划成 4cm×4cm 的土方，然后把刚露芽的种子在每个土方上播种 1 粒，播完后覆盖一层细土。子叶出土前温度保持 25~28℃，子叶出土展平后温度保持 15~20℃。整个育苗期内，防止棚内出现接近 10℃的低温。育苗后期的 15 ~20 天，可提高棚温促进幼苗生长；移栽前 5~7 天，逐渐降温，加强通风炼苗。子叶出土后，少浇或不浇水，幼苗 4~5 片真叶展开后，适当浇水。苗龄 30~35 天、6~8 片真叶时，3 月上中旬选择冷尾暖头定植。

（三）整地定植

早春小拱棚结球白菜栽培，一般于3月上中旬定植。定植前结合整地每亩施腐熟有机肥4 000kg、磷酸二铵50kg、饼肥30kg，按45cm行距起垄做畦。定植时结球白菜的幼苗叶片不应超过6片，幼苗超过6片叶定植，可能会造成春化。按行距50~55cm、株距40~45cm，每亩栽植3 000株左右。

（四）田间管理

1. 中耕除草

定植后浇清水定根提苗，在浇水后适时中耕，防止地面板结，促进土壤透气，并可清除杂草。中耕应浅，以锄破表土为度，切忌中耕伤根。如遇连阴雨天气，无法中耕锄草，可每亩用48%氟乐灵水剂100~120mL，对水50~60L喷雾。

2. 肥水管理

定植后，白菜进入发棵期，生长速度加快，应结合浇水追肥1次，一般每亩施粪肥1 000~1 500kg，或硫酸铵10~15kg、草木灰100kg，或尿素10kg。结球期一般在开始包心时立即追“创筒肥”1次，每亩施入畜粪尿1 000kg、尿素10~15kg。抽筒后追“灌心肥”1次，每亩施三元复合肥15kg或硫酸钾10kg。

（五）病虫害防治

相对于夏秋白菜来讲，春白菜病虫害较少，部分地块可能发生霜霉病，可于发病初及时防治。虫害主要有蚜虫和菜青虫，应于害虫幼龄期喷药防治。

（六）适时采收

春大白菜在球叶坚实时即可采收上市，且越早越好，最迟于芒种前后收获完毕。若收获过晚，气温升高，易造成白菜软腐腐烂。

二、夏季大白菜遮阳网覆盖栽培

利用温室、大棚等设施的夏伏休闲期生产大白菜，不仅缓解了大白菜的伏缺，实现周年生产供应，而且生长速度快、周期短。但生长期正处于高温、干旱或雨涝季节，病虫害严重，昼夜温差小，最低气温接近或超过大白菜结球期的温度上限，不利于大白菜结球。因此，夏季应采用遮阳网覆盖进行降温栽培。

（一）品种选择

选用生长期短、生长快、抗病、耐热、耐湿的早熟品种，如夏阳白、夏丰等。

1. 夏阳白

夏阳白是从日本引进的大白菜品种。株型稍矮，外叶少，叶片浓绿色、稍皱，叶背稍有茸毛。早熟，定植后约 50 天开始采收。结球紧实，长球形，单球重 0.8kg 左右，品质优良。耐热性强，较抗软腐病，适于高温条件下种植。每亩产量约2 500kg。

2. 夏丰

夏丰是夏播大白菜一代杂交种。生长期 47～55 天，植株生长势强、整齐。株高约 32cm，开展度约 50cm。外叶绿色，白绿帮。叶球矮桩叠抱，结球紧实，单株重 1.5～2kg。耐热、耐湿，抗病毒病、霜霉病。质地脆嫩，帮薄，叶数多，纤维素含量高，商品性好，耐贮运，品质优良，鲜食、加工均可。

（二）茬口安排

夏季大白菜遮阳网覆盖栽培，土壤以沙壤土最好，前茬为葱、蒜、瓜、豆等作物茬口均可，葱蒜类根系分泌物对白菜软腐病病菌有抑制作用，因此，为最好茬口。与玉米茬口连作时，要注意多施农家肥料。夏季大白菜生长期短，生长速度快，株型紧凑，冬性弱，北方地区 5—8 月均可播种，各地视上市时间确定播种期。昼夜温差大的地方或遇上气温偏低的年份，播种不宜过早，以防先期抽薹。

（三）播种育苗

夏季大白菜采用直播或育苗移栽均可，但为了保证齐苗，大都采用育苗移栽的方法。育苗时，要采取防晒降温措施，才能育出壮苗。

1. 直播

选择前茬未种过同科蔬菜的土壤。播种前每亩施腐熟堆肥2 000kg，做宽1.1m的平畦或高畦。条播时株行距30cm×40cm，穴播时每穴播种子3~5粒，每亩定苗4 000~5 000株。幼苗5~6片真叶时，间去多余的瘦弱苗，每穴留2~3株。幼苗8~9片真叶时定苗，每穴只选留1株长势最好的苗，缺苗的可以带土移栽补齐。

2. 育苗

（1）苗床。准备苗床要选择当年未种过同科蔬菜、土壤肥沃、排灌方便的园土。播种前15天深耕，暴晒苗床土。结合整地每平方米苗床施腐熟的农家肥5kg、三元复合肥40~50g，或草木灰100~200g，充分混合，整平畦面，浇水后耙平。

（2）播种。大白菜移栽有3~4天的缓苗期，所以，应比当地的撒种适期适当提早3~4天播种。播种前将苗床轻轻压平，浇足水，待水渗完后将种子均匀撒入苗床内，覆细土1cm厚。每平方米苗床播种量为2~3g，每亩栽培田需苗床30~50米^2，需种子100~150g。播种后浇1次水。

（3）苗期管理。播种后，覆盖遮阳网，以利于降温保湿。夏季育苗覆盖的方法有防雨棚、遮阳网、网膜双层覆盖、多层覆盖等。在露地进行育苗，可以用搭棚遮阴或覆盖遮阳网，遇雨天时要加盖塑料薄膜防雨。幼苗出土后及时揭开遮阳网，并保持土壤湿润。如果是在大棚内育苗，可采用网膜双层覆盖，先在棚顶覆盖塑料薄膜防雨，再盖一层遮阳网，这种方式比单一的覆盖遮阳网的降温防雨作用更加明显。多层覆盖是指在棚上覆盖多层遮阳网或无纺布等，降温效果更好。保证出苗的关键是保持合适的土壤湿度。在真叶展开和第一片、第二片真叶期分别进行间苗，并淘汰病弱苗。

（四）整地定植

夏季大白菜育苗移栽苗龄 18~20 天、幼苗 4~5 片叶。移栽应选择在阴天或晴天的 16：00 以后进行。移栽前 1 天苗床浇水，起苗时要轻铲轻放，带土移栽，运苗时要平稳，保持土坨完整，使根系少受损伤，以缩短缓苗期。定植前结合整地每亩施腐熟有机肥2 000kg，整平后做畦。畦宽 1.2m，每畦栽 2 行，株距 25~30cm；畦宽 1.5m，每畦栽 3 行，株距 30cm。栽植深度：高畦以根部营养土块表面与畦面相平为度；平畦营养土块表面要略高于畦面，以免浇水后土坨下沉淹没。栽后用细土压紧秧苗四周，然后浇定根水。晴天应覆盖遮阳网，以降低温度和光照强度，促进成活。并注意检查成活情况，及时补苗。缓苗后可以逐渐缩短遮阳网的覆盖时间，直至全部去掉遮阳网。

（五）田间管理

夏季杂草生长速度快，要及时中耕除草，可在封垄前中耕数次。中耕可以减少土壤养分和水分的损耗，促进有机养分的分解，有利于大白菜的生长发育。但中耕时要注意浅锄，以免伤根。

夏季大白菜需肥水较多，肥水管理要根据生长期短、外叶生长速度慢等特点进行，整个生长期应以促为主。定植后成活以前，每天早、晚各浇水 1 次，保持土壤湿润。施肥以基肥为主；追肥应施早施足，薄施勤施，可每隔 4~5 天施肥 1 次，前期用稀释的腐熟粪肥穴浇，中后期每亩用尿素 20kg，分 2~3 次施入。若每亩用绿芬威 50mL 加水稀释成1 000倍液，或叶面宝 800~1 000倍液喷施效果更佳。追施时，注意减少根系损伤和叶片破损。生长期每隔 5~7 天浇 1 次水，保持土壤湿润。多雨时，注意排水防涝。

大白菜越夏栽培的难点在于生育前期菜青虫和小菜蛾为害，生育后期软腐病为害。前期发现虫害后及时用药防治，而且出入时一定要关门，防止害虫迁入。每次下雨前及时覆膜遮雨，管理过程中注意减少叶片的损伤，可有效防治软腐病的发生和蔓延。

（六）采收

夏季大白菜不必等到叶球充分长成后才采收，根据市场需求，一般五六成心时即可收获上市；若不急于腾茬，可待叶球长得基本紧实时，集中于 7~10 天采收完毕。采收时间以下午为好，可带 1~2 片外叶上市。由于夏季大白菜生长在高温季节，气温高，湿度大，生长快，不及时采收，易发生病害，而且叶球紧实后不及时采收，还会裂球，影响商品性。

三、塑料大棚春大白菜栽培

（一）品种选择

塑料大棚春大白菜栽培应选用冬性强、耐抽薹的早熟品种，如春夏王、鲁春白 1 号等。

鲁春白 1 号是从日本引进的大白菜品种。株型梢矮，外叶少，叶片浓绿色、稍皱，叶背稍有茸。植株较披张，株高约 40cm，开展度 55cm×58cm。叶柄浅绿色、较平。叶球炮弹形、浅黄色，球顶舒心稍尖，球高约 26cm，球径 15cm，单球重 2~3kg，净菜率约 70%。每亩产量4 000kg 左右。播种至采收只需 70%，左右，属中熟。抗软腐病、霜霉病、病毒病。适应性广，商品性好，风味品质佳。冬性强，不易抽薹，适宜春播。

（二）播种育苗

一般采用电热温床育苗，苗床土用 7 份大田土、3 份腐熟有机肥配制，每立方米营养土加三元复合肥 0. 5kg，充分混合后，铺于苗床内，以备播种。一般在 2 月中下旬播种，播种前 7 天，育苗床要浇透水，晾墒后播种，覆土盖严，将苗床温度控制在 20~25℃。种子顶出后，苗床温度不低于 15℃。幼苗期在保持苗床温度不低于 15℃的条件下，尽量让幼苗多见阳光，“拉十字”前后进行间苗。苗期一般不追肥。

（三）整地定植

定植地块前茬作物最好为非十字花科蔬菜。前茬作物收获后及时深耕、晒垡、散湿，并结合整地每亩施优质有机肥 5 000kg。将地整平，耙细，以备起垄。为了便于田间管理，最好做成 60cm×40cm 的大小垄，起垄时在垄下每亩施三元复合肥 30kg。定植应选晴天上午进行，行株距为 40cm×25cm，每亩栽苗 3 500 株左右。定植至缓苗前，要求棚内白天温度保持在 20~25℃，夜间不低于 15℃。缓苗期不追肥，缓苗后，白天温度保持在 18~22℃、夜间 13~15℃。

（四）田间管理

1. 肥水管理

在肥水管理上，应采取一促到底的方式，肥水齐攻，直到收获。一般是缓苗后浇第一次水，水从小行间的地膜下浇入，以水能湿润到垄顶为宜。进入团棵期，结合浇水追施 1 次速效氮肥，每亩施尿素 15kg。进入莲座期后，每亩追施磷酸二铵或三元复合肥 20kg。肥料可以随水冲施。收获前 10 天停止浇水。

2. 温光管理

（1）温度管理。大白菜不同生长期对温度的要求不同，发芽期要求较高的温度，发芽适温为 20~25℃。幼苗期适温为 22~25℃。莲座期对温度要求较为严格，日均温以 17~22℃为宜，结球期是产品形成的时期，严格要求适宜的温度，以 12~22℃为宜。休眠期以 0~2℃为宜，低于-2℃易发生冻害，5℃以上容易腐烂。抽薹期以 12~16℃为宜。开花期和结荚期要求较高的温度，日均温以17~20℃为宜。同时，大白菜在整个生长期和每个分期还要求一定的积温，在适温范围内，温度较高能在较短的时间内得到足够的积温；温度较低则需较长的时间才能得到足够的积温。晚熟品种所需要的积温比早熟品种显著增加，因此，大白菜生长期的长短，在很大程度上决定于生长期的积温，生产中不同地区之间引种要注意这一点。

（2）光照管理。白菜的光合作用与光照强度有密切关系，在一般情况下，大白菜生长期内日间直射光的强度可以满足生长的需要。莲座叶的层次很多，中下层叶片接受的多为散射光，光合作用明显减弱。但由于中下层叶片生长长期处于弱光条件下，对弱光有一定的适应性，反而为大白菜合理密植创造了条件。光照强度与白菜外叶的开展和直立性以及叶球的形成也有一定的关系，强光使叶片开展，弱光使叶片直立。老叶对光的反应迟钝，故多开展，新叶反应灵敏，故多直立。莲座中心的外层球叶受光较弱，趋向于直立。球内层的叶受光更弱或不能受光，故而内卷而形成叶球。

（五）采收

大白菜在叶球形成之后，要及时采收，特别是春结球白菜，采收过晚易抽薹，降低品质。

第四章　黄　瓜

黄瓜又名王瓜、胡瓜，最初生长于印度地区。它的生长期短，而且具有很好的环境适应性，耐低温，容易栽培，产量很高，亩产可以达到5 000kg 以上。黄瓜一直是大家喜爱的蔬菜，无论是生吃，还是炒制，或腌渍，都十分美味可口。所以，推广黄瓜的新品种，推广黄瓜的全年种植，对于弥补我国北方食用蔬菜的缺口具有十分重要的地位。

黄瓜的根系主要分布于表土下 25 厘米内，主根旁边着生有很多的须根，黄瓜的花基本上是雌雄同株而异花，雌花着生在主蔓上，可以结果。果实为假浆果，果形为筒形至长棒状，果面平滑或有棱、瘤、刺，嫩果呈白色至绿色，熟果黄白色至棕黄色。种子扁平、长椭圆形、黄白色，千粒重 23~42 克。

黄瓜生长的最适温度为夜间 12~16℃，白天 20~25℃。虽然具有一定的环境适应性，但是如果超过它的抗度，就会发生生理性生长障碍，导致生长的暂时或永久停止。由于黄瓜的主根着生深度较低，所以，吸肥、保水能力差，再加上有众多的枝叶在不停地向空气中散发水分，抗寒性很差。黄瓜对氮肥和钾肥的要求比较高，缺失时会导致果实变苦或者落花增多，但是也不要过度施肥，黄瓜的根耐腐性很弱，过度施肥也会灼伤其根系，导致其生长障碍。

第一节　黄瓜的优良品种

黄瓜生产要想做到高效无公害，选择优良的黄瓜品种是关键，优良黄瓜品种自身的素质，能增强黄瓜的抗病虫害能力，生产中可以减少农药使用量，生产出最适合食用的优质黄瓜种类。

黄瓜的品种和类型多样，一般可以分为普通黄瓜类型和原产欧洲的小黄瓜类型。这两种类型的黄瓜又包括了各种黄瓜品种。

（一）普通黄瓜类型

1. 津优 32 号

津优 32 号是由天津科润黄瓜研究所培育而成的一种适合日光温室越冬茬栽培的杂交黄瓜品种。这种黄瓜的茎秆粗壮，侧枝很少，长势中等，主要依靠主蔓结瓜，回头瓜数量很多，瓜码很密。瓜条顺直、呈棒状，深绿色，具有光泽，瓜把很短，瓜的刺瘤十分明显，瓜肉是淡绿色的，味道很甜，生吃很脆，商品性好，含维生素量高，品质优良。栽培时期可以长达 8 个月，一般都不早衰。亩产黄瓜5 000kg 以上。

较抗黑星病、白粉病、霜霉病、枯萎病等，抗病虫害的性能较好，耐弱光、低温等不良的气候和环境因素，在不良的种植气候下仍然可以很好地生长，结瓜。耐最低气温是 6℃，最高气温是 36℃，最低光照强度是6 000lx。适合东北、华北、西北地区冬春茬日光温室早熟栽培和日光温室越冬茬栽培。

2. 津优 35 号

津优 35 号是由科润黄瓜研究所培育而成的新一代早熟杂交新品种，该品种的长势十分旺盛，叶片大小中等。以主蔓结瓜，第一个雌花就着生在主蔓的 4 节位置处，回头瓜的数量多。瓜条的生长速度十分地快，生长后期侧枝可以自己封顶。瓜的色泽好、瓜条顺直，瓜色深绿，瓜把较短，单个瓜重 200g，长 33 ~ 40cm，无棱，刺密，瓜瘤小，瓜质脆甜、瓜色淡绿，不出现化瓜和弯瓜现象，畸形瓜较少。抗枯萎病、白粉病和霜霉病，较耐低温和弱光。一般亩产可以达到 1 万 kg 以上，适合冬春茬和大棚早春栽培以及日光温室越冬茬栽培。

3. 津优36号

津优36号是由天津市黄瓜研究所培育而成的一种早熟类型的黄瓜品种。该品种的长势旺盛，瓜叶深绿色，叶片较大，瓜码很多，一般都是主蔓结瓜，回头瓜的数量很多。瓜的光泽度很好，瓜色深绿，瓜把短，瓜条顺直，单个瓜重200g，长32cm左右。此瓜的瓜棱较浅，刺瘤明显，瓜色浅绿，畸形瓜的概率很低，吃起来口感脆甜。此瓜同时具有很强的适应性，较耐弱光和低温危害。在7℃和每天2小时的弱光照射环境下，仍然可以正常地生长。对白粉病、枯萎病、细菌性角斑病的抵抗力都很高。亩产黄瓜1万~2.3万kg。适合日光温室栽培。

4. 津育3号

津育3号是由锦3105和A-8杂交育种而成的一种新的黄瓜类型。该瓜的长势很强，主蔓结瓜，植株紧凑，雌花率在50%左右，回头瓜的数量较多。瓜条呈棒状、顺直，长约30cm左右。瓜色具有光泽性，色较深，刺瘤多而密。单个瓜重约200g，瓜肉味道甜美，鲜嫩，呈淡绿色，品质较优。此种黄瓜早熟，产量高，可以亩产约1万kg。

在品种适应性方面，这种黄瓜的整体性状也不错。即使是在弱光和5℃的低温情况下，仍然可以生长一定的时间。强抗白粉病、枯萎病、霜霉病，越冬栽培的生长期在8个月左右，适合西北、东北、华北等地区日光温室越冬茬和春季大棚栽培。

5. 津春3号

津春3号是天津市黄瓜研究所选育而成的日光温室的专用杂交品种。植株的生长旺盛，叶子肥大，茎秆粗壮，分枝能力强，以主蔓结瓜为主，雌花着生在3~4瓜节的位置上，结瓜位置集中，瓜码十分密集。瓜条棒形，长约30cm，重200~300g，瓜色深绿，瓜条顺直，短把，瓜头没有黄色的条纹，味道甚佳。亩产约5 000kg，商品性极高。强抗白粉病、霜霉病，适合华北地区栽培种植。

6. 中农26号

中农26号是由我国农业科学院蔬菜花卉研究所培育而成的一种中熟日光温室栽培品种，这种黄瓜的生长旺盛，结瓜性好，主蔓结瓜所占的比例较大，连作的能力很强，回头瓜的数量多。黄瓜瓜色深绿，具有光泽，没有黄色的条纹，瓜把较短，刺瘤白而较密，没有瓜棱，口感很好。此种黄瓜亩产1万kg以上，商品率高。适合在秋冬茬、早春茬和越冬茬的日光温室栽培种植。

（二）迷你黄瓜品种

迷你黄瓜又称为小黄瓜、无刺黄瓜、水果黄瓜等，是一种果型较短的黄瓜品种。这种黄瓜的主要品种是京乐品系。

1. 京乐1号

京乐1号是由北京农乐蔬菜研究中心培育的一种高产、抗病、优质的杂交水果黄瓜品种。植株全雌性，生长旺盛，主蔓和侧蔓都可以结瓜，每个果节可以结多个黄瓜。瓜质鲜美。相对普通黄瓜来说，此种黄瓜的果实较为短小，瓜长10~13cm。单个瓜重60~80g，亩产5 000~1 0000kg，商品性良好。

这种黄瓜品种的抗病性也十分的强，高抗白粉病、枯萎病、黑星病、角斑病，对弱光和低温也具有一定的适应性。全生育期40天左右，是一种较为早熟的水果黄瓜品种。适合露地栽培或早春保护地栽培。

2. 京乐5号

京乐5号是北京市农乐蔬菜研究中心培育而成的一种高产、优质、高抗的杂交黄瓜新品种。该品种的植株生长势旺，叶片肥大，分枝多，主蔓结瓜为主，结瓜率高。果实呈亮绿色，有棱，兼具光泽，果实长16~22cm，表面光滑。单个瓜重80~100g，腔小，肉厚，味道甜美，适合生食。亩产黄瓜1万kg以上。该品种对细菌性角斑病、枯萎病、白粉病、霜霉病的抵抗力较高，而且较耐低温和弱光。适合早春和秋冬茬保护地、露地栽培。

3. 京乐168

京乐168是由北京农乐蔬菜研究中心经过长期的国际研究和合作，培育出的一种具有高产、优质、高抗病害特征的杂交黄瓜品种。这种黄瓜的长势旺盛，全雌性，叶片粗大，瓜秧的主蔓和侧蔓都可以结瓜，而且一节多瓜。黄瓜的质地脆嫩，味道清甜，瓜长13~15cm，重60~70g，单株产量3~5kg。这种黄瓜类型较耐白粉病、枯萎病和霜霉病，适合在秋冬茬日光温室栽培。

除了上面介绍的优质黄瓜品种之外，北京102、北京203、北京402、京研迷你黄瓜1号、京研迷你黄瓜2号、京研秋瓜1号、荷兰青瓜、PART-9031、瑞光1号、M160等品种都具有良好的生产性能，适合菜农选择和种植。

第二节　黄瓜嫁接技术

黄瓜嫁接是用其他作物的根代替黄瓜的根的栽培方式，一般选用的都是较耐低温、抗病、亲和力强的南瓜等砧木品种，南瓜的根系十分发达，抗高温和低温，不易受土传疾病的感染，用南瓜根系进行嫁接后，可以提高黄瓜品种的耐低温和抗病能力，使黄瓜的植株健壮地生长，取得早熟高产的效果。

1. 嫁接的品种选择

黄瓜嫁接的主要品种就是黑籽南瓜，南瓜的亩用种量约为1.5kg，南瓜种子在催芽前要在阳光下晾晒1~2天，然后用温水浸泡种子6小时，搓洗3~4次。浸种之后要先在12~14℃的室温条件下晾18小时，使南瓜的种皮变干，然后再用30℃的温水催芽，一般2天就开始出芽。

2. 嫁接方法

（1）靠接法。靠接法要先种植黄瓜，然后第六天再种植南瓜。南瓜要种在营养钵中，钵中放置 7 成量的营养土，播种 2~3 天后南瓜开始出苗。等南瓜长到 1 叶 1 心的时候开始嫁接。嫁接需要 1 个竹签或刮脸的刀片作为工具，竹签可以用竹片削制而成。在嫁接的时候，要先用竹签从子叶处将南瓜的生长点去掉，然后再破坏掉 2 片子叶基部的侧芽，并且用竹签在南瓜生长点 0.5cm 的地方向下切划一个占南瓜茎粗一半的斜口。同时，也要在黄瓜的生长点下方 1.5cm 的地方向上切一个占黄瓜 2/3 茎粗的斜口。注意使南瓜和黄瓜切口的斜面长度都为 1cm。然后把两者的切口对插吻合。用专业的嫁接夹夹在斜口的位置，并向营养钵内增放一些床土，盖住黄瓜的根系并浇够水。10 天之后用刀片切断黄瓜的根系，拿掉夹子。

（2）断根靠接法。断根靠接法和普通的靠接法工序基本相同，但是要等到南瓜出苗后才播种黄瓜，等南瓜长到 1 叶 1 心的时候开始嫁接。黄瓜要在生长点下 1cm 的地方，插入南瓜的切口中吻合。然后用嫁接夹夹住或者用地膜条包裹。

（3）水平插接。水平插接法和断根靠接法一样，也是等到南瓜出苗之后才播种黄瓜，等南瓜长到 1 叶 1 心的时候去掉南瓜的生长点，然后在南瓜生长点下方 0.5cm 的地方用比黄瓜的茎粗的竹签垂直地插穿南瓜的茎，倾斜地露出竹签。在黄瓜苗子叶展平的时候，从生长点下方 1~1.5cm 的地方切开 30°的斜面，然后把黄瓜切口朝下插入南瓜的茎插接孔中。在挑选黄瓜嫁接的时候，要注意选用粗壮的黄瓜苗，不用徒长的黄瓜秧。

（4）斜插接。斜插接的基本方法和水平插接基本相同，用竹签在南瓜子叶旁边，和茎成 45°角的位置倾斜地插一个穿透的孔，然后把展平子叶的黄瓜苗从子叶下 1cm 的地方切成 30°的斜面，朝下插进南瓜的插孔中。

3. 嫁接后的管理

嫁接后的黄瓜苗最好摆放在温室中较矮的架床上，若摆在地面上，就要铺上稻草，浇透水，然后喷洒 800 倍百菌清液防止疾病的发生。

在苗上扣小拱棚，使前 3 天的湿度能达到饱和，即扣棚的第二天的时候棚膜上有水滴出现。一定要注意把薄膜密封严实。在拱棚上盖纸遮光，使前 3 天秧苗不见光，但要注意开棚检查，切口未对上的重新设置。发现枯萎的黄瓜苗要及时补接。采用各种保温和增温措施使前 3 天的白天温度达到 25～30℃，夜间 15～20℃。嫁接后的第四天可以在早晚的时候都让秧苗见光 1 小时，第五天的时候时间可以增加到 2 小时，第六天的时候为 3 小时，第七天就可全见光了。这时要将南瓜子叶上没有去除干净的芽全部拔掉。黄瓜嫁接成活与否与嫁接后的管理具有十分密切的关系，特别是前 3 天的湿度要达到饱和，不见光。

4. 嫁接注意事项

（1）提早播种。嫁接黄瓜有个缓苗过程，南瓜根系耐低温可以尽早定植，所以要提前 10 天播种黄瓜，促进黄瓜早熟。

（2）乙烯利处理。嫁接缓苗要求的温度偏高，使黄瓜坐瓜的节位提高，结瓜的数量减少。所以仅需要通过乙烯利的处理来降低黄瓜的坐瓜节位，增加坐瓜数。方法是黄瓜长到 1～2 片真叶时，用 100mg/kg 乙烯利喷洒在黄瓜的枝叶上，然后等 1 周后再喷洒 1 次。但是此法不适用于 1 代杂交黄瓜种。因为它本身的结瓜性很强，处理了反而会出现花打顶现象。

（3）霜霉病生态防治。黄瓜嫁接可以在很大程度上防治黄瓜的枯萎病，但是对霜霉病等其他病害起不到直接高效的防治。故要采取生态防治，采用 4 段变温管理，创造 1 个不适宜霜霉病发生的温度和湿度条件，然后再配合喷施药剂进行全方面综合防治。

（4）增施复合肥。嫁接可多年连茬，但往往导致土壤营养比例失调，土壤中营养物质缺乏。为了提高土壤的肥力，可增施一些复合肥料以及农家肥。可以采用 50kg 水中加 1 支叶面宝、0. 5kg 尿素进行叶面追肥。

第三节　黄瓜灌溉施肥技术

（一）黄瓜灌溉技术

1. 黄瓜水分需求特点

由于黄瓜的根系很浅，叶片又很大，所以，水分吸收少而蒸腾作用旺盛。黄瓜生长喜湿不耐旱，最适合的空气湿度为 70%~90%，土壤相对含水量为 85%~95%。黄瓜发芽期需水量为种子重量的 40%~50%，幼苗期相对需水较少，最适土壤含水量为 80%左右。需水最多的是开花结果期，适宜的土壤相对含水量为 90%~100%，水分供应不均，易产生畸形瓜。

2. 黄瓜水分调控技术

黄瓜生长期要经常浇水，才可以满足黄瓜生长的需要。但是由于黄瓜不耐湿，所以，浇水量一定要合理控制。初花期水分管理主要在于“控”，目的是防止茎叶徒长引起“化瓜”。应加强中耕蹲苗，促进根系生长，但控制要适当。结瓜期的水分管理是促苗快长。前期轻促，中期大促，后期微促。主要目的是促进秧苗的生长。根瓜生育期，植株生长量和结瓜数还不多，水分需要不太多，浇水以保持适度即可，但是腰瓜的生育期气温升高，此时，黄瓜植株的生长和结瓜都很旺盛，需要的水分含量也就很多。必须增加浇水的次数和供水量，每 1~2 天浇 1 次；顶瓜生育期，植株进入衰老阶段，仍需加强水分的供应管理，可每 3~7 天浇 1 次水，防止黄瓜茎叶早衰，增加黄瓜的产量。

（二）黄瓜施肥技术

1. 黄瓜对肥料的需求特点

黄瓜喜肥但不耐肥，对营养的需求较多，黄瓜的根系弱，根系浅，木栓化较早，再生力差，对土壤养分的吸收能力不强，难以承受高浓度的土壤溶液环境。幼苗期的耐肥力最弱，对肥料的浓度十分敏感，必须采取轻施勤施的方法。黄瓜具有选择性吸收的特性，喜硝态氮，只供给铵态氮时，叶色变浓，叶片变小，生长缓慢。黄瓜在定值后的 30 天左右对氮素的需求量达到最大，主要是靠叶子吸收。到 50 天左右，叶、果吸收养分大致相近，定植 70 天大部分养分被果实吸收。

2. 黄瓜施肥技术

黄瓜的需肥量为：每1 000kg 黄瓜需磷 0.9kg、钾 9.9kg、氮 2.8kg。黄瓜生长的各个时期都对肥料有需求。定植前，亩施农家肥4 000kg（或商品有机肥 1 500kg）、三元复合肥 50kg 做基肥。黄瓜进入结瓜初期进行第一次追肥，以后可以每隔 7~10 天追肥 1 次。每亩的施肥量也由 5kg 逐渐增加到 15kg。苗期追肥可采用叶面肥喷施，生长期还可采用液肥进行灌根处理。

第四节　露地秋黄瓜无公害栽培技术

1. 品种选择

秋季正是病虫害发生严重、高温多雨的季节，秋季种植黄瓜一定要挑选耐热、抗湿、高抗病虫害的黄瓜品种。如津研 1 号、津研 2 号、津研 4 号、津研 7 号等。

2. 整地作畦

秋季病害多发，所以，在种植地块的选择上一定要选用疏松肥沃，多年没有种植过瓜类作物的田地。前茬作物收获后，施充分腐熟的有机肥 $7.5\times110^4kg/hm^2$，翻地不宜太深，以 20cm 为宜，同时多搅拌，尽可能使肥土混合均匀。整地之后，还要设置排灌水渠，保证灌溉和秋季排水的通畅。然后按宽 1.3~1.5m，高 15~20cm 做高垄。

3. 合理密植

播种前要对种子进行处理，去除种子中的杂质，测定种子的千粒重和发芽率，保证直播黄瓜的出苗率。直播的时候一定要计算好播种的数量，平均播种量为3 000~3 750g/hm^2。秋黄瓜多播干种子，也可经55℃温水浸种后，再浸泡3~4小时播种。播种时按预定行距，先要挖开宽4cm，深3cm的播种沟，保证沟底平实。然后按照间隔78cm的距离点播种子，每次播撒种子2~3粒，最后盖细碎湿土2cm厚，加盖地膜，地膜上稍加盖物遮阴，2~3天后种子顶土时人工破膜放苗。

4. 精细管理

（1）浇水与中耕。秋黄瓜播种时，如土壤湿润，当天可不浇水，当幼苗顶土时再浇水；如土壤墒情不好，当天就要浇适量的水，要求浇水时顺着沟渠的方向流动，水量以润湿播种沟为宜，防止过量浇水后土壤板结。当幼苗出齐时再浇水1~2次。幼苗出齐后至收根瓜前，尽量少浇水，利用这个时间段来壮苗养根，减少苗期病害的发生。等到浇过齐苗水后，就要及时中耕。中耕深度以2~3cm为宜，以保墒松土。开始收获根瓜的时候，就要适当地增加浇水的次数和用水量，但是切记不可以采用大水漫灌的方式。可以间隔3~5天浇水1次，浇水要结合当时的天气情况，以保持土壤湿润为准。同时，注意早浇、晚浇，切忌中午浇水。黄瓜结瓜后期浇水要减少，并且要在上午浇，适应低温的气候条件。

（2）排水。秋黄瓜前期多雨，为避免涝害及防止疫病发生，从播种开始，要密切注意雨天情况，及时采取排涝措施，保证瓜畦内没有长时间积水。遇到热雨需“涝浇园”。

（3）间苗及定苗。直播的秋季黄瓜一般在子叶展开后第一次间苗，拔除病苗、弱苗和畸形苗。等到第二片真叶展开后，进行第2次间苗，保持株距8cm。第四片真叶展开平后进行定苗，定苗的标准是每20～22cm定一株壮苗，留苗6.8×10^4株/hm^2。

（4）追肥。秋栽黄瓜生长期正值高温多雨的季节，必须保证幼苗生长的营养供应。在第二次间苗之后就要追施第一次肥。以后凡遇大雨或连阴雨后，都应追肥。结瓜盛期要做到隔水1肥。每公顷追尿素75～150kg，然后在尿素中加入经过充分腐熟的人畜粪便混合液喷施。

（5）支架与整枝。秋黄瓜定苗后，要及时支架。一般是每苗1杆，扎成“人”字形花架，架高2m左右。秋黄瓜的整枝的目的也是保证主蔓的生长，凡是主蔓基部50cm以下的侧枝都要清除，保证秧苗通风。其他侧枝可在雌花后留1叶去顶。秋黄瓜要及时绑蔓，约50cm绑蔓1次。

（6）中耕除草。黄瓜在幼苗期要多次培土中耕，除去田间多余的杂草，保证土壤疏松，但是中耕的深度一般要控制在2～3cm。结瓜期停止中耕后，如有杂草也需要及早拔除。

（7）收获。秋季黄瓜收获时正值高温多雨的季节，所以，在成熟的时候就要及时地收获，保证黄瓜的高产稳收。

第五节　大棚秋黄瓜无公害栽培技术

1. 品种选择

应选用抗病性强、耐热、丰产性好、生长势强的品种，如津优1号、津春4号、津春5号、津研4号等。

2. 适宜播种期和定植

秋季之后种植大棚黄瓜要注意播种的时期，如果太早会受到高温多雨的气候条件影响，导致多种病害的发生，且上市期与露地黄瓜相遇，价格较低。播种期过晚，则生长后期温度急剧下降，以致产量降低。

秋延后黄瓜的一般采收期为40天左右。育苗期20天左右，幼苗2叶1心时定植。定植应在傍晚进行。可以采用直播的方式，或者露地高垄栽培，适宜的播种密度为大行60cm，小行40cm，株距26cm，亩栽5 300株左右。

3. 田间管理

秋延后黄瓜的栽培主要包括前期的高温期管理、中期的温和期管理和后期的低温期管理3个部分。前期处于高温多雨期，应注意防雨防病，通风降温。下雨后及时排水防涝，防止田地积水；天气晴朗的时候又要及时浇水，为瓜苗降温。进入结瓜期之后就要水肥一起施用，肥水要少量多次，防止大水漫灌。在后期（10月中旬以后），温度急剧下降，管理的重点也变成保温防寒。同时，注意定期给瓜秧换气通风，保持很好的通透度，防止过于湿润造成的病害蔓延。后期也可以进行叶面追肥，如用植物动力2003、叶面宝、喷施宝等。

4. 支架与整枝

黄瓜生长到一定阶段后要及时支起"人"字形的花架，一般每棵秧苗支一杆2m的架子。当秧苗长到花架顶部的时候，就可去尖打顶。主蔓基部50cm以下的侧枝可清除，以利通风，其他侧枝可在雌花后留1叶去顶。

相对来说，秋延后大棚黄瓜栽培的难度更大一点，生长前期要做好抗病、防虫、抗热的管理，后期又要防止棚内温度太低影响秧苗的生长。

因此，生产上要特别注意棚内温湿度的调控，尽可能为秧苗的生长创造舒适的生长条件。如可以在播种前扣棚，撩起四周的薄膜。降低棚内的温度和湿度。9月中旬，气温逐渐下降后，将四周卷起的膜逐步往下放，直到压严薄膜。9月中旬到10月中旬这段时间内，棚内的气温相对适中，十分有利于黄瓜的生长发育。上午和中午坚持通风换气，使棚温有5小时以上保持在25~30℃，夜间逐渐减少通风，使棚温达到15~18℃。只有当外界的温度低于15℃的时候，才可以压严风口。9月下旬的时候，随着气温的逐渐降低，一般要晚放风，早关风，上午棚温达到25℃时放风，下午棚温达25℃时关风，夜间要注意防寒保温。10月中旬气温继续下降，黄瓜容易受到低温环境的影响，此时，要注意做好防寒保暖工作。

第六节　日光温室黄瓜栽培技术

日光温室又称高效节能温室，与加温温室比较，能大幅度地降低黄瓜生产成本；与塑料薄膜大棚栽培相比，能根据需要提前或延后黄瓜种植1个月左右。这是塑料薄膜大棚栽培之后又一种值得大力推广发展的保护地栽培类型。

日光温室栽培技术在黄瓜栽培中占有绝对的优势。只要有足够的技术力量保证，再加上严格科学的管理手段，就能充分发挥其高效节能的优点。值得注意的是，在秋季利用日光温室条件栽培黄瓜和春季具有更大的环境调节难度。但是用日光温室栽培黄瓜，比大棚能延迟供应1.5个月以上，完全靠保温就能收获到11月下旬，属于节能高效的栽培方式。

1. 品种选择

采用日光温室的方法栽培黄瓜，在黄瓜品种的选择上就要十分注意，要选那些苗期较耐高温，结果期耐低温弱光，花芽分化对日照长度不敏感，较抗白粉病和枯萎病，而且中后期产量很高的优质品种。可以采用的有津育3号、津春3号、津研4号、津研7号等黄瓜品种。

2. 整地施肥

（1）温室消毒。7月上中旬左右，开始整地，深翻土地40cm晒垡，并撤掉塑料薄膜让其被雨淋透，消灭土壤中潜伏的病虫害。在下次使用时，要换用新的薄膜，并在定植前10天左右，用硫黄加锯末点燃熏蒸消毒，每亩平方米温室硫黄和锯末用量各 3kg。然后密闭温室两个昼夜，然后打开门窗通风换气。

（2）作畦打垄。直接播种或定植前 7~10 天，每公顷温室全园撒施 75 000kg 左右优质农家肥，然后深翻 25~30cm，将肥料和泥土搅拌均匀，南北方向做成 1.2m 宽的高畦或 80cm 宽的垄。

3. 育苗播种

根据倒茬或占地情况，可育苗栽植，也可以小芽直播。

（1）育苗播种。温室黄瓜为了提高抗病性和产量，一般采用嫁接苗。适当的育苗播种期为 8 月中旬，在露地扣小拱棚防雨育苗。播种之前要浸泡种子，并催芽。待芽刚一露嘴时，最好放在水井等低温处锻炼 2~3 天，以利培育壮苗。用营养钵装好营养土，或者和泥切成土方，然后摆上带芽的种子，放上大概一扁指的土，然后浇透水，放于防雨棚中。育苗数应是实际用苗数的 1.2~1.3 倍，以利保苗。

（2）苗期精细管理。日光温室栽培的黄瓜苗期正值昼夜温差大，日照时间较长的时期，影响雌花的形成，所以要在植株 1~3 片叶期间喷 1~2 次乙烯利，浓度为 1kg 水加 100~150mg 乙烯利，可促进花芽分化，增加雌花的数量，防止黄瓜空长苗。苗期要适时通风，防止苗期病害的发生。

（3）直播技术。8 月上中旬小芽直播，每埯 2~3 粒种子，浇透水，封好埯。垄作株距为 24~27cm；畦作一般都栽双行，行距为 50cm，株距为 24cm。

4. 定植或定苗

（1）定植。8 月末至 9 月初定植。定植前选好苗，刨好埯，每埯施 5g 磷酸二铵用做口肥，摆苗后浇埯水，等到水完全渗入苗田后封埯。也可以采用先开沟摆苗，浇透水后再封埯的方法来防止水分蒸发。

（2）定苗。直播的小苗出土后，1 叶 1 心期要及时间苗，每埯留 2 株，缺苗的要及时补种或补栽。出苗后要多次进行中耕除草，控制灌溉的时间和次数。在秧苗长到 2 叶 1 心的时候每埯留 1 株定苗，3 片叶前喷乙烯利。加强病虫害防治，注意不要烧苗。

5. 田间管理

（1）植株调整。当黄瓜植株长到 5～6 片叶子的时候就可以进行植株的调整了。可以用竹竿插架，也可以用绳子吊蔓，根瓜以下侧枝全打掉，以上侧枝保留或在瓜前留 1～2 片叶摘心。等植株长到 20 多片叶子或者生长点距离棚膜 10cm 左右的时候摘心。

（2）肥水管理。育苗的定植缓苗后及时浇缓苗水，直播的定苗后也要浇 1 次水稳苗。浇水后多次中耕，促进花芽和根系的生长发育，防止茎叶空长。9 月上旬以前，光照强、温度高，秧苗生长迅速。浇水虽有降温作用，但容易徒长，而且表土的水分很多，黄瓜的根系很难下扎。这个时期的秧田降温主要依靠定期通风的方式，减少浇水的次数，以不缺水为原则，10 多天浇 1 次水。9 月中旬以后随着天气变冷，更要少次多量浇水，控水保温，不提倡少浇水，勤浇水的灌溉方式。在整个生育期，每隔 10 天左右，叶面喷洒 0.3%磷酸二氢钾 1 次，可推迟植株衰老。在根瓜坐住期、结腰瓜时期和采收后刨坑追肥各 1 次。

（3）温度管理。栽培前期，加强通风，降温排湿。在夜间气温不低于 15℃时昼夜通风。9 月上旬以后，随着气温逐渐降低，要适当减小通风口的大小。适宜的晴天日温为 25～30℃，夜温不低于 12℃，阴天日温 20℃，夜温不低于 11℃，当夜温低于 12℃时，夜间要关闭通风口。天气更冷的时候，夜间就要为棚室加盖草苫或保温被。如果这样仍不能达到保温的需要，就要临时点火加温，否则，会减缓生育速度以至于停止生长。

（4）光照管理。黄瓜生长后期天气转凉，日照时间缩短，加上高大的植株之间的遮挡，室内的光照就严重不足。为增强光照，在保温的前提下草苫尽量早揭晚盖；注意保持透明、屋面清洁，也可用清水冲洗；后墙张挂反光幕，增强温室内后半部分的光照强度，并且在温室的内部墙壁上涂白来增加反光。

（5）病虫害防治。这个时期主要病虫害是霜霉病、白粉病、枯萎病、菌核病、病毒病及温室白粉虱、蚜虫等，要做好病虫害的预防工作。

第七节　黄瓜无土高效栽培技术

无土栽培是近年来发展起来的一种新的作物栽培方式，主要是把作物栽培在人工配制的营养液或者岩棉、河沙、蛭石等特殊的物质中，定时定量的供给营养液，促进作物生长和成熟。因为这种栽培方式脱离了传统栽培都需要用到的土壤，所以，称为无土栽培，或叫营养液栽培、水培。无土栽培是一项新的栽培技术，发源于美国，虽然历史很短，但是发展十分迅速。目前主要的栽培国家如美国、英国、日本、荷兰等都有相当规模的生产面积。特别是荷兰无土栽培的蔬菜、花卉出口量很大，赚取了大量的外币。

（一）黄瓜无土栽培的特点

1. 克服连作障碍

黄瓜保护地栽培，难以克服多年连作导致的土壤盐渍化、病虫害高发的高产障碍，但是采用无土栽培可彻底解决这一问题。

2. 生产周期短

蔬菜生长快，生长周期短，产量高无土栽培可依据作物不同生育阶段特点，提供适宜的养分、水分等作物生长的必备条件，只要阳光充足，就可以密植或立体栽培，提高了单位面积的黄瓜产量。

3. 节省肥料和用水

可较精确地定量施肥、供水，既能满足作物各生育阶段的需要，又不浪费，避免了养分、水分的浪费，比传统的栽培方法可以节省水分 50%~70%，肥料 50%~80%。

4. 产品质量高

无土栽培很少或无土传病害，加上环境条件的综合控制，病虫害发生少，可以少施或不施农药，避免了经常喷洒农药对作物的影响，保证了蔬菜的无公害。

5. 不受地点和空间限制

无土栽培可在盐碱地、土壤严重污染地区或沙漠地区进行，不受地域、空间限制。

6. 改革传统的农艺操作

无土栽培的方法减轻了田地劳作的工作强度，并且可以采用自动化、机械化的生产方式，实现农业生产的现代化和高效化。

（二）无土栽培的类型及方式

无土栽培的材料主要分为固体基质和营养液两种，根据基质材料的不同和营养液供应方式的不同，又分成多种栽培方式。以下介绍 5 种栽培方式。

1. 沙培法（槽培法）

沙培法是指以沙砾为基质，装入一定容积的栽培槽内，然后定时定量给他浇灌营养液。栽培槽一般长 15~20m、宽 40~100cm、高 10~15cm。槽框用砖、水泥板、木板等制成。槽内填基质厚 5~10cm，上面覆盖一层蛭石，用来减少水分的蒸发，防止基质过热。沙培法多用滴灌式或喷洒式的施液方式。一般在栽培槽内上端，建一个营养液罐，经过阀门、过滤器与滴灌设备连接，滴灌设备最好是滴灌带，也可是滴头。然后在栽培槽的另一端，安装一个回液池，用来回收经过排液管流出的营养液。

2. 袋培法

用厚度为 0.1mm 的聚乙烯塑料袋，分直立型和扁平型两种：直立型高和直径各为 20cm，每个袋子种植 1 株黄瓜；扁平型的袋子一般为 90cm×40cm×8cm，或 100cm×20cm×8cm，每袋种 3 株黄瓜。塑料袋颜色以复合色、乳白色、银灰色和黑色为宜。袋子的底部要穿一些用来排水的孔。袋培法采用的供液方式为滴灌，一般一株黄瓜用一个滴头，大致的供液流程为营养液→过滤器→主管（直径 50mm）→毛管（直径 20mm）→水阻管（直径 4mm）。

3. 筒培法

筒培法采用的栽培床和槽培法十分类似，一般槽高 12~15cm，宽 60~75cm，然后在槽上放置厚度为 0.06~0.08cm 的聚乙烯塑料薄膜加工制作的直径为 20cm 或 50cm，长 25cm 的塑料薄膜筒。直径 20cm 的每筒栽 1 株，直径 50cm 的每筒栽 3 株。滴浇系统与袋培法相同。

4. 营养液膜系统栽培

营养液膜系统在栽培技术上是一种十分先进的水培技术，一般由营养液贮液池、栽培床、泵、管道系统和调控系统构成。营养液在泵的驱动下从贮液池流出，经过栽培床，在栽培床上形成深为 0.5~1cm 的流动营养液膜，为作物的生长提供营养、空气和水分条件，然后剩余的营养液又可以回流到贮液池，形成循环供液系统。其主要由以下部分组成。

（1）栽培床。栽培床（槽）是一种可以让植物的根系和营养液在上面缓慢流动的槽式或床式结构，要求有一定坡度，一般坡度为 1∶（80~100）。长度以 10m 为宜，最长不超过 30m。将育苗块或营养钵中的幼苗成行沿着栽培槽进行定值。然后再用水泵把营养液从贮液池经管道扬到栽培槽的上端。营养液缓慢地沿栽培床流经作物根盘底部，再通过管道流回贮液池。

（2）供液循环系统。供液循环系统主要由泵和管道组成，水泵一般用 0.5kW 密封式耐腐蚀小型水泵就可以了。通过水泵将营养液扬到给水管道（直径 5cm），通过滴头将营养液送入栽培床，营养液流经栽培床，通过排水管道，然后流回贮液池。

（3）贮液池。贮液池容量设计一般按每平方米栽培床 10L 容积计算，可用砖、水泥砌成，内侧表面应涂沥青或树脂，防止腐蚀，贮液池一般都建造在地下。

5. 岩棉栽培

岩棉栽培是近几年继荷兰、英国、丹麦、日本等国之后的滴头。后迅速开发普及的一种新式无土栽培技术，具有超过营养液膜栽培技术的许多优点。岩棉的保水性和透气性比较好。灌注营养液后，含水率为 60%，可保持相当多的营养液。并且可以根据植物生长的需要，及时迅速地为其补充营养液，操作也更方便。

（1）栽培床。栽培床长 10～20m、宽 30cm。栽培床先铺一层乳白色或银灰色或里黑外白的复合塑料薄膜，薄膜上再铺一层无纺布，防止植物的根系穿过，然后放置规格为 90cm×20cm×7. 5cm 的岩棉板，在岩棉板上放置带苗的岩棉块；最后用铺底的塑料薄膜将无纺布、岩棉板和营养块一起包住。

（2）滴灌循环系统。滴灌循环系统主要是通过贮液池向各个栽培床的固定滴液管内滴液，向岩棉板上洒水，供液时，多余的营养液通过安装在岩棉板底下的排水管聚集到集水池中。集水池中的水泵再将营养液提升到贮液池中，开始下一次循环。

（3）非循环滴灌系统。非循环滴灌系统是在岩棉板上放置有孔的滴灌管或从直径 15～20mm 的硬质管中分支出滴灌管，一滴滴地定时供给营养液。多余的营养液就从栽培床下的出口排出。

第五章　西　瓜

西瓜原产地为非洲热带草原，为重要的夏令消暑水果。西瓜果肉味甜，能降温去暑；种子含油，可作消遣食品；果皮药用，有清热、利尿、降血压之效。

第一节　特征与特性

一、特征

西瓜根为直根系，分布深而广，根系耐旱不耐涝。茎、枝粗壮，具明显的棱。卷须较粗壮，具短柔毛，叶柄粗，密被柔毛；叶片纸质，轮廓三角状卵形，带白绿色，两面具短硬毛，叶片基部心形。花黄色，雌雄同株而异花，雌、雄花均单生于叶腋；雄花花梗长 3~4cm，密被黄褐色长柔毛；花萼筒宽钟形；花冠淡黄色；雄蕊近离生，花丝短，药室折曲。雌花：花萼和花冠与雄花同；子房卵形，柱头肾形。果实大型，近于球形或椭圆形，肉质，多汁，果皮光滑，色泽及纹饰各式。种子多数，卵形，黑色、红色，两面平滑，基部钝圆，通常边缘稍拱起，花果期夏季。

二、特性

西瓜喜高温、干燥的气候，不耐寒。生长发育的最适温度为 24~30℃，根系生长发育的最适温度为 32℃，根毛发生的最低温度为 14℃。西瓜在生长发育过程中需要较大的昼夜温差。西瓜耐旱、不耐湿，阴雨天多时，湿度过大，易感病。西瓜喜光照，西瓜生育期长，因此，需要大量养分。西瓜随着植株的生长，需肥量逐渐增加，到果实旺盛生长时，达到最大值。西瓜适应性强，以土质疏松，土层深厚，排水良好的沙质土最佳。喜弱酸性，pH 值 5~7。

第二节　西瓜的优良品种

1. 早熟品种

（1）黑美人。该品种生长健壮，抗病，耐湿，夏季栽培表现突出。极早熟，主蔓第 6~7 节出现第 1 朵雌花，雌花着生密，夏秋季从开花至果实成熟仅需 22 天。果实长椭圆形，果皮黑色，有不明显条带，单瓜重 2~3kg，果皮薄而韧，极耐贮运。果肉鲜红色，含糖量 12%，最高可达 14%，梯度小。适合大棚秋延迟栽培。

（2）特小凤。极早熟小果形品种，果实圆形，果形整齐，具有墨绿色条带。果肉晶黄色，肉质细嫩、脆爽，甜而多汁，含糖量 12%左右，皮薄，较易裂果。耐低温，适合秋、冬、春三季栽培，产量高，一般亩产 1 400~2 000kg。

（3）早春红玉。该品种生长稳健，耐低温、弱光。极早熟，主蔓第 5~6 节发生第 1 朵雌花，雌花节率高。开花后，在正常温度下 22~25 天成熟。果实圆形，单瓜重 1.5~2.0kg。果皮深绿色，间有黑色条纹，厚约 3mm，不耐贮藏。果肉红色，质细，无渣，含糖量在 12% 以上，口感极佳。产量较高，一般亩产 2 000kg。春季种植 5 月收获，坐果后 35 天成熟；夏秋种植，9 月收获，坐果后 25 天成熟。早春低温光条件下，雌花的形成及着生性好，但开花后遇长时间低温多雨时花粉发育不良，也存在坐果难、瓜形变化等问题。

（4）红小玉。该品种生长势较强，可以连续结果。果形稍大，单瓜重2kg左右，1株可结3~5个瓜。果实圆形，具有绿色条带，外观漂亮。皮薄，果肉红色。可溶性固形物含量在13%以上。果肉细、无渣，种子少。自雌花开放至果实成熟一般需28天左右。

（5）黄小玉。果实高圆形，单瓜重2kg左右。果皮厚0.3cm，果皮翠绿色，有虎纹状条带。果肉浓黄色，中心可溶性固形物含量在12.5%以上。肉质细、纤维少、籽少，品质极佳。抗病性强，易坐果，极早熟，自雌花开放至果实成熟一般需26天左右。

（6）郑杂5号。早熟丰产，从雌花开放到果实成熟需28~30天。果实椭圆形，瓤色大红，肉质沙甜，含糖量为11%，皮厚1cm，单瓜重4~5kg，极易坐瓜。采收期要求不严，以九成熟为宜。一般亩产3 000~4 000kg。

2. 中晚熟品种

（1）抗病冠龙。植株长势强，抗病，耐湿且较易坐瓜。主蔓第7~9节出现第1朵雌花，以后每隔5~7节出现1朵雌花，从开花至果实成熟需34~36天。果实外形美观，似金钟冠龙。皮厚1.2cm，耐贮运。果肉红色，肉质细脆，口感好，果实中心含糖量达11%以上。平均单瓜重6.0kg，亩产约5 000kg。

（2）聚宝3号。全生育期95天左右，自开花到果实成熟需35天。植株生长稳健，抗枯萎病和炭疽病。易坐果，且坐果整齐，适应性强，可春、夏、秋季栽培。果实椭圆形，果皮浅黄色，绿底色上有深绿色的齿形条纹，瓤色鲜红，质脆味美。含糖量为11.8%~12.5%，单瓜重7kg，亩产约4 000kg，耐贮运。

（3）西农8号。外形美观，似金钟冠龙，中心含糖量为12.7%，边缘为9.8%，瓤红味好，质地细脆。一般第6节出现雌花，易坐果，且坐瓜整齐，夏、秋季均可栽培。单瓜重8.5kg

左右，平均亩产4 500~5 000kg。

（4）金钟冠龙。生育期为110天左右，自开花至成熟需33天左右。适应性强，长势旺，抗枯萎病，易坐瓜。瓜呈椭圆形，皮呈绿色，有深绿色宽条纹，皮坚硬，耐贮运。单瓜重8kg左右，含糖量为12%，八成熟时即可收获，不影响品质风味。平均亩产4 000kg左右。

（5）红新龙。生长期为100天左右，自开花至成熟需35天左右，生长势强，较抗枯萎病。果实椭圆形，果皮绿色，上有深绿色宽条纹，瓜瓤红色，含糖量为12%~13%。瓜皮坚硬，耐贮运，单瓜重6kg左右。

（6）中育6号。全生育期100天左右，从雌花开放至果实成熟需35天。植株长势强，主蔓第6节左右着生第1朵雌花，以后每隔5~6节着生1朵雌花。果实圆形，皮黑色，上有暗条纹，皮厚1.0cm，皮薄且韧。瓤呈红色，肉质硬脆，含糖量为10%左右。单瓜重4~5kg，亩产4 000kg左右。采收期要求严格，不宜早采，耐运输。

（7）西薄洛托。从日本引进的一代杂交种。该品种植株生长势较强，连续结瓜能力强，果皮乳白色、透明，果肉白色，果实椭圆形。株型较小，适于密植，授粉坐果后40天成熟。单瓜重1 500~2 000g，香味浓，含糖量为16%~18%。全生育期为100天，温室栽培130天。亩产2 500~3 000kg，是洋香瓜中的极品，适合温室、大棚栽培，耐贮运。

第三节　西瓜栽培技术

一、浇水

西瓜幼苗期需水量少，所以，前期可适当减少浇水次数和浇水量。种植时，一般底水要浇足，苗期可不再浇水，如出现旱象，可适当地浇少量水。移栽时，若底水不足，可在浇定植水后不封窝，第二天再浇1次稳苗水，然后封窝。伸蔓期浇水应该掌握土壤见湿见干的原则，即早晨土壤湿润，中午变干发白，经过夜间返潮后，第二天土壤仍然湿润。伸蔓末期，临近开花时应该控制浇水。西瓜褪毛之后进入果实膨大期，需要大量的水分，同时，气温升高，地面的蒸发量和蒸腾量都比较大。因此，这段时间需要保证充足的土壤水分供应，以促进果实发育。若此时缺水受旱，则影响西瓜的产量。西瓜褪毛时，结合膨瓜肥浇1次膨瓜水，以后每隔5~7天浇1次水。西瓜定个后，其体积和重量都很少增加，主要是果实内部的糖分转化，此时应控制浇水，收获前7天停止浇水，以提高西瓜的品质，减少裂果。

二、冬季浇水

晴天浇水，阴天不浇，晴天的水温和气温都较高，浇水后不会明显降低地温。

午前浇水，午后不浇，一般上午日出后2小时左右，地温明显回升后开始浇水。上午浇水，气温较高时可适当放风排湿，降低温室内的湿度，预防病害；下午浇水，因为温度低不能放风排湿，容易发生病害。

浇小水，不浇大水，因为浇水量越大，地温下降的幅度也就越大，所以，冬季浇水要控制浇水量，只浇小沟，不浇大沟，严禁大水漫灌。

浇井水，不浇河水，直接用河水会明显降低地温，对生长不利。而井水受地热的影响，水温较高，不会使地温影响太大。

最好在温室内的一侧建一水池，把水先注入池内，池口用薄膜封住，防止池水向温室内蒸发，增加温室内的湿度，利用温室的热量给水加温后再浇。

采用膜下浇水，利用地膜来阻止水分蒸发到温室内，以免增加温室内的湿度。

三、施肥要点

不要单一施用大量氮肥，不宜施含氯离子的化肥，因为氯离子进入植株体内会降低果实的含糖量，使瓜味变酸，品质变劣，应施硫酸钾、磷酸二氢钾之类的肥料。

不宜偏施氮肥，偏施氮肥植株体内的氮化物过多，果肉中所含的糖就会减少，质量降低，肉嫩味淡，色浅皮厚，味酸。同时，偏施氮肥还易造成藤叶疯长，影响结果率。不宜在土壤干旱时施浓肥，土壤干旱时施浓肥，会使西瓜根系细胞质水溶液向外渗透，引起细胞质壁分离，西瓜藤叶因生理失水而枯萎，甚至枯死。因此，土壤干旱时应施低浓度肥，并做到先浇水后施肥，或施肥与浇水同时进行。

不宜在阴雨天施肥，阴雨天空气湿度大，土壤含水量高，这时施肥不仅肥料易流失，而且会造成枝蔓和叶片徒长，使叶嫩藤脆，不利于坐瓜稳瓜，并易诱发西瓜发生病害。

不宜靠近西瓜根部施肥，瓜蔓伸展后，根系也向远处扩展，这时靠近根部施肥反而得不到充分吸收和利用。同时，太靠近根部施肥易烧根，故施肥应离根稍远些。肥料如施在土壤表层，肥料不但易挥发损失，而且还易烧伤瓜苗。西瓜追肥以深施为好，应开穴施用，施后覆土，并结合浇水。

四、追肥要点

西瓜苗期追肥主要是促进根系发育，加速地上部分的生长。在瓜秧 4~5 片真叶时，追施腐熟的饼肥、鸡粪等，在距根 10 厘米左右处挖穴施入，施后及时覆土。中耕松土后施用效果更好。

西瓜伸蔓期追肥应以既促使茎叶快速生长，又不引起植株徒长为原则。西瓜伸蔓初期每亩地施尿素 7～10kg、硫酸钾 3～5kg，沿施肥沟施入后覆土。追施果肥应在田间大部分植株已结果、幼果鸡蛋大小时进行，以促进果实发育膨大，保持植株的生长势。当果实生长至直径 15～25cm 时追施第 2 次肥，每亩地施尿素 7～10kg、硫酸钾 5～6kg。采收前 7 天应停止追肥，提高品质。

五、断根嫁接的要点

选用合适的西瓜砧木品种，断根嫁接的砧木要求下胚轴易长出不定根，容易诱发新根；断根后易发新根，易于嫁接，易于成活；嫁接后地上部生长势强，抗叶部病害，对果实品质影响小。

砧木种可直接撒播在苗盘中，不必播在穴盘或营养钵中。砧木植株较大，可适当稀播，苗盘可装营养土。砧木与接穗均播在苗盘中，不仅减少了冬季温室的育苗面积，而且便于管理。砧木长出 1 片真叶、接穗子叶展开即开始嫁接。

将砧木的茎在紧贴营养土处切下，然后去掉生长点，左手的食指与拇指轻轻夹住子叶节，右手拿小竹签沿平行于子叶的方向插入，竹签的尖端正好到达拇指处，竹签暂不拔出；接着将西瓜苗垂直于子叶方向下方约 1cm 处的胚轴斜削 1 刀，削面长 0.3～0.5cm，拔出竹签，立即将削好的西瓜接穗插入砧木，使其斜面向下，与砧木插口的斜面紧密相接；然后将已嫁接好的苗，直接扦插到装有营养土的穴盘或营养钵中。

早春气温低，要使嫁接苗有较高的成活率，需要保持较高的土温与湿度，以利于砧木发根及伤口愈合。提高地温，嫁接苗诱根期，即嫁接后 5 天内地温应不低于 20℃，同时，在拱棚膜上加盖草苫遮光。嫁接苗伤口愈合的适宜温度是 22～25℃，刚嫁接的苗在白天应保持 25～26℃，夜间 22～24℃。嫁接后 2～3 天可不通风，晴天遮光，以后逐渐缩短遮光时间，直至完全不遮光，根据天气情况适当通风。一般来说，断根嫁接法的闭棚时间比传统插接法要长1~2天。若温度合适，保湿好，则嫁接5~6天即可诱发出新根。6~7天后应增加通风时间和次数，适当降低温度，白天保持在22~24℃，夜间18~20℃。只要床土不过干、接穗无萎蔫现象，就不浇水。如需浇水，可适当在水中施用一些杀菌剂（多菌灵与硫酸链霉素），防止病害的发生。轻度萎蔫亦可不遮光，或仅在中午强光时遮1~2小时，使瓜苗逐渐接受自然光照，晴天白天可全部打开覆盖物，接受自然气温，夜间仍覆盖保温，以达到炼苗的目的。

嫁接后15~20天，嫁接苗2~3片真叶时定植。砧木腋芽要及时抹除，以免影响接穗生长，但不可伤及砧木的子叶，嫁接的刀口不要靠近地面，应高出地面1.5~2.5cm，在定植后及时，摘除砧木发出的新芽。

六、疯秧的防治方法

苗床或大棚要适时通风降温，特别是夜间温度不要太高。适当改善光照条件，增加光照强度，同时减少空气湿度。对于疯长植株，可采取整枝、打顶、人工辅助授粉促进坐果等措施抑制营养生长，促进生殖生长。

控制基肥的施用量，前期少施氮肥，注意磷、钾肥的配合，这是防治疯秧最根本的措施。

重压龙头，即在靠近茎尖部位的地面上挖一个较深的压蔓槽，将嫩茎压入槽内，可有效地控制顶端优势，抑制植株徒长。

逆压法，即挖一个深的坑，捏紧茎蔓，朝瓜根的方向逆向将其推进坑内，使后面的蔓向上拱起，然后填土拍实，这样能有效地控制旺长，提高坐果率。

七、倒秧和盘条

植株生长到团棵期，主蔓长20~40cm时，要将处于半直立生长状态的瓜秧按预定方向放倒，使其匍匐生长，称为倒秧。在伸蔓前期，由于植株正由直立生长过渡为匍匐生长，容易因风吹摇动而使植株的下胚轴折断。为避免植株受伤影响正常生长，同时，也有利于以后的压蔓，需将植株向一侧压倒，使瓜秧稳定。在植株一侧挖一条深、宽各约 5cm 的小沟，将根茎周围的土铲松，一只手拿住植株的根茎部，另一只手拿住主蔓顶端轻轻地扭转植株，按预定的方向压倒在沟内，再将根茎周围的表土整平，用土盖严地膜的破口，压紧拍实，防止其再直立生长。

倒秧后，当主蔓伸长到 40～60cm 时，将主蔓和侧蔓分别引向植株的另一侧，弯曲成半圆形后将主蔓与侧蔓先端转向压入土中，这种作业在生产上称为盘条。盘条可缩短西瓜栽植的行距，有利于密植，还能控制植株的生长强度，使瓜蔓生长一致，便于栽培管理。中晚熟露地栽培一般均需此项作业。在实际操作时应注意盘条的时间，过晚则植株盘条部位的叶片多而大，盘条后瓜蔓弯曲处的叶片乱而重叠，恢复正常生长的时间长，影响植株的生长和坐瓜。

八、整枝方法

西瓜枝蔓生长旺盛，分枝能力强，整枝留蔓的数量因选用的品种、定植密度、气候条件、土壤肥力等因素而异，生产中较常用的有单蔓整枝、双蔓整枝和三蔓整枝。单蔓整枝是在主蔓生长到 50～60cm 时，保留主蔓，摘除主蔓上萌发的全部侧枝。双蔓整枝是除主蔓外，在植株基部第 3～8 节叶腋处选留一个生长健壮的侧蔓，主蔓上其余的侧蔓全部去除，主蔓和侧蔓的距离为 30～40cm，平行向前生长。还有一种双蔓整枝方式为主蔓摘心后，选留植株基部 2 条健壮的侧蔓并行生长。三蔓整枝是在保留主蔓的基础上再选留 2 条健壮的侧蔓，其他侧蔓及时摘除。因选留的侧蔓和伸蔓方向不同，又分以下两种方式：

第一种为在主蔓基部选留两条侧蔓，与主蔓一起延伸生长；第二种为在距主蔓基部30~60cm处选留2条健壮的侧蔓，与主蔓一起生长。

九、压蔓方法

压蔓主要是为了使瓜蔓均匀分布，防止互相缠绕，改善植株枝叶的通风透光条件，提高光合效率。一般情况下，瓜蔓应向同一方向爬，大棚栽培为了提早成熟、方便管理，可采取大小行种植，使同一株的瓜蔓朝相反方向爬。双行的地面中间只栽1行，密度加倍，整蔓时主蔓向棚中间爬，侧蔓则朝棚边方向爬。压蔓时，一般常用土块将瓜蔓压在畦面上进行固定。当植株生长较旺盛时可重压，即压蔓部位距先端生长点较近并压大土块，使瓜蔓生长变慢；当植株生长势较弱时要轻压，即压蔓部位距先端生长点较远并压小土块，以促进瓜蔓生长。每隔5~7片叶压1次，压蔓时要注意雌花出现的节位，在坐果节位前后两节内不宜压蔓，以免损伤幼果影响坐瓜。主蔓一般可压3次，第一次整枝时压1次，坐瓜前后各压1次。侧蔓压1次固定即可。压蔓最好在下午进行，因为上午瓜蔓含水量较高，脆而易折，易造成瓜蔓损伤。

十、留瓜方法

第一朵雌花形成的果实，由于果型小、形状不圆整、皮厚，一般不留用。而高节位的瓜成熟期较晚，同时，由于生长旺盛造成坐果困难，生产上多采用主蔓上的第2朵、第3朵雌花结果，大致的节位为第15~25节，距根部80~100cm。留果节位与品种、栽培方式、坐果期气候条件及植株生长状况有关。早熟品种雌花发生较早，通常选留主蔓上的第2朵雌花。西瓜授粉以后，1株瓜秧可同时坐2~3个幼瓜，留瓜时注意选留那些瓜柄粗长、瓜色明亮、瓜毛粗长的幼瓜，这样的幼瓜发育快，个大、瓜形正，多余的幼瓜应及早摘除。若留双瓜，则选留节位相同、长势相同的两个幼瓜，其余幼瓜摘除。

幼瓜长至500g左右时，应把幼瓜及时吊住。可在瓜行间南北方向拉钢丝，钢丝部位高于坐瓜部位15cm左右，然后用塑料绳系住幼瓜瓜柄，拉紧后系在上部钢丝上。

十一、提高坐瓜率的措施

选择易坐果的品种，这类品种的植株长势中等或偏弱，坐果性强，对环境温度、光照和肥水条件反应不敏感，有利于提高坐果率。植株生长前期应适当控制肥水，特别是要减少氮肥的使用，以免植株营养生长过旺。坐果前要严格控制氮素化肥的使用量，增加磷肥和钾肥的用量，减少灌溉次数。在伸蔓前后适当施肥浇水，促进枝蔓生长，在坐果节位的雌花开放前1周控制肥水，以免茎蔓徒长，保证坐果。利用整枝压蔓调控植株生长，促进坐果。根据栽培密度和栽培品种，合理选用整枝方式，调控植株营养生长和生殖生长的关系。当植株可能出现徒长时，采用深压重压的方法控制枝蔓旺长，也可在坐果节位的雌花出现后，在坐果节位前留5~7片叶摘心，抑制瓜蔓的生长势，促进坐果。对于植株生长势强、坐果困难的品种，可在主蔓6~7片叶时摘心，利用侧蔓缓和生长势，促进结果。

十二、空秧的解决方法

（1）温度引起的空秧。西瓜是喜温作物，其生长发育的温度是15~35℃，28~30℃为适温，15℃以下或40℃以上会抑制生长，发生生育障碍，雌花和子房发育不良导致落果、化瓜，以致引起西瓜空秧。

（2）光照引起的空秧。光照不足使植株茎蔓伸长，不能正常转入生殖生长，导致花粉不能正常受精而产生空秧。

（3）水分引起的空秧。西瓜在生长中遇到持续高温干旱天气时，空气湿度相对较小，土壤含水量低，引起营养生长不良，造成植株弱小，使雄花的花粉发育不良，雌花不能完全受精而发生落花和化瓜，从而导致空秧。开花期遇雨，雨水落到柱头和花药上，导致花粉不能正常受精而产生空秧。

（4）营养不足引起的空秧：在西瓜生长过程中，由于营养不足，出现化瓜、空秧。

对症下药解决空秧，调节播种期，使得温度适合西瓜生长发育的需要；及时整枝，解决相互遮阳、光照不足的问题；适时进行水肥管理，劳作过程中尽量避免闲杂人员进入，减少人为造成的空秧。

十三、防止落花落果的措施

西瓜在开花坐果期和果实发育期对温度、湿度、光照的要求比较严格。在 25～30℃ 的适温条件下，西瓜坐果期为 4～6 天，这期间若环境条件不适宜，极易引起落花落果。在开花期遇到低温、阴雨等不利条件时，会影响正常的授粉受精，从而引起落花落果。西瓜是强光照作物，若光照不足，会严重影响植株所需光合产物的生成和供给，造成器官发育不良，植株生长势减弱，从而引起化瓜，这种情况在早春保护地栽培易发生。开花结果期若水分不足，则雌花子房发育受阻，影响坐瓜。开花结果期氮肥偏多，会引起营养生长过旺，生殖生长受到抑制，花、果由于营养不足而脱落。植株密度大，光照不足，会引起营养生长过旺，影响生殖生长，不易坐瓜。西瓜与高秆作物套作，如果行距偏小，易造成遮光严重、通风不良，影响西瓜生长，造成落花落果。

针对出现的容易造成落花落果的各种因素进行分析，对症下药进行防治，会起到事半功倍的效果。

第六章 甜 瓜

甜瓜是葫芦科甜瓜属一年生蔓性草本植物，果肉白色、黄色或绿色，有香甜味；种子污白色或黄白色，卵形或长圆形，先端尖，表面光滑。花果期夏季。为盛夏的重要水果。

甜瓜对土壤要求不严格，但以土层深厚，通透性好，不易积水的沙壤土最适合，甜瓜生长后期有早衰现象，沙质土壤宜作早熟栽培；而黏重土壤因早春地温回升慢，宜作晚熟栽培。甜瓜适宜土壤为 pH 值 5. 5~8. 0，过酸、过碱的土壤都需改良后再进行甜瓜栽培。

甜瓜喜光照，每天需 10~12 小时光照来维持正常的生长发育。故甜瓜栽培地应选远离村庄和树林处，以免遮阴。保护地栽培时尽量使用透明度高、不挂水珠的塑料薄膜和玻璃。

甜瓜喜温耐热，极不抗寒。种子发芽温度 15~37℃，早春露地播种应稳定在 15℃以上，以免烂种。植株生长温度以 25~30℃为宜，在 14~45℃内均可生长。开花温度最适 25℃，果实成熟适温 30℃。而气温的昼夜温差对甜瓜的品质影响很大。昼夜温差大，有利于糖分的积累和果实品质的提高。

第一节 甜瓜的优良品种介绍

一、白皮品种群

瓜皮乳白色、绿白色或黄白色。

（1）龙甜1号。生育期70~80天，果实近圆形，幼瓜绿色，成熟时转为黄白色，瓜面光滑有光泽，有10条纵沟，平均单瓜重500g。瓜肉黄白色，厚2~2.5cm，质地细脆，味香甜，折光糖含量约12%，高的达17%，品质上等。种子白色长卵形，千粒重12.5~14.5g，单瓜种子数500~600粒。单株结瓜3~5个，每亩产量2 000~2 250kg。

（2）齐甜1号。早熟种，生育期75~85天，瓜长梨形，幼瓜绿色，成熟时转为绿白色或黄白色，瓜面有浅沟，瓜柄不脱落。瓜肉绿白色，瓤浅粉色，肉厚1.9cm左右，质地脆甜，浓香适口，折光糖含量约13.5%，高的达16%，品质上等。单瓜重300g左右，每亩产量1 500~2 000kg。

（3）益都银瓜。有大银瓜、小银瓜、火银瓜之分，以大银瓜种植面积最大。大银瓜属中熟种，生育期约90天，果实发育期30~32天。瓜圆筒形，顶端稍大，中部瓜面略有棱状突起。单瓜重0.6~ 2kg，瓜皮白色或黄白色，白肉，肉厚2~3.5cm，肉质细嫩脆甜，清香，折光糖含量10%~13%，品质极优。较抗枯萎病，但不耐贮运。种子白色，千粒重14g左右，丰产性好。每亩产量2 000~2 500kg。

（4）梨瓜（雪梨瓜）。中熟种，生育期约90天，瓜扁圆形或圆形，顶部稍大，瓜面光滑，近脐处有浅沟，脐大，平或稍凹入，单瓜重350~600g。幼瓜皮浅绿色，成熟后转白色或绿白色。瓜肉白色，厚2~2.5cm，质脆味甜，多汁清香，风味似雪梨，故又名雪梨瓜。折光糖含量12%~13%，高者达16%。种子白色，千粒重约13.6g。丰产性好，每亩产量约2 000kg。

（5）白兔娃。中熟种，生育期约90天，果实发育期33~35天。瓜长圆筒形，蒂部稍小，瓜皮白色或微带黄绿色，瓜面较光滑，单瓜重400~800g。瓜肉白色，厚2cm左右，质脆，过熟则变软，瓜柄自然脱落。折光糖含量约13%，品质中上等。种子白色。每亩产量1 500~2 500kg。

(6) 台湾蜜。瓜阔圆形，四心室，幼瓜绿色，成熟后转黄白色，有10条纹。瓜肉黄白色，厚1.85~1.9cm，肉质脆甜，折光糖含量12%~16%。瓤橘黄色，种子黄白色，千粒重约13.6g。单瓜重260~350g，单株结瓜4~5个。每亩产量2 500~3 500kg。

二、黄皮品种群

瓜皮呈黄色或金黄色。

(1) 黄金瓜。早熟种，生育期约75天，瓜圆筒形，先端稍大，瓜形指数1.4~1.5，单瓜重400~500g。瓜皮金黄色，表面平滑，近胳处具不明显浅沟，脐小，皮薄。瓜肉白色，厚2cm，质脆细，折光糖含量约12%，品质中上等，较耐贮藏。种子白色，千粒重约13.9g。抗热、抗湿。

(2) 十棱黄金瓜。十棱黄金瓜又名10条锦瓜或黄10条筋。早熟种，生育期约80天，瓜椭圆形，瓜形指数1.3~1.4。瓜皮金黄色，有明显的10条白色棱沟，脐小而平，皮薄而韧，单瓜重300~400g。瓜肉白色，厚1.5~1.8cm，质脆味香，品质佳，折光糖含量约11%，胎座白色，种子乳白色，千粒重约12g。

(3) 黄金坠。早熟种，生育期80天左右，瓜椭圆形，瓜形指数1.2~1.3，瓜皮黄色或金黄色，瓜面光滑，单瓜重400~650g，瓜肉白色，厚2.4cm左右，肉质酥脆，汁多香甜，折光糖含量约12.7%，品质上等，种子红色。

(4) 喇嘛黄。早熟种，生育期约82天，瓜长卵形，瓜皮黄色，表面光滑有浅沟，单瓜重450~700g。瓜肉乳白色，厚2.5cm，肉质脆，折光糖含量11%~13%，品质中等，种瓤橘黄色，种子浅黄色，千粒重约18g。

三、绿色品种群

瓜皮灰绿色、绿色或墨绿色。

（1）羊角脆。早中熟种，生育期约 85 天，瓜长锥形，一端大，一端稍细而尖，弯曲似羊角，故名。平均单瓜重665g，瓜形指数 2.1。瓜皮灰绿色，肉色淡绿，厚 2cm 左右，肉质地松脆，汁多清甜，折光糖含量 11.7%左右，品质中上等。每亩产量约 1 500kg。

（2）王海瓜。中熟种，生育期约 90 天，瓜筒形，瓜皮深绿色具有 10 条淡黄色浅纵沟，果脐大，平均单瓜重 600g，最大可达 800g。瓜肉白色，厚 2cm 左右，肉质细脆，多汁味甜浓香，折光糖含量 12%～15%，最高达 17%，风味好，品质上等，耐贮运。

（3）海冬青。中熟偏晚，生育期 90 多天，瓜长卵形，瓜形指数 1.5 左右，单瓜重约 500g，皮灰绿色，间有白斑，瓜面平滑，脐小。绿肉，肉厚约 2cm，味甜质脆，折光糖含量 10%以上，品质优良。胎座浅黄色，种子千粒重 10g 左右。

（4）青平头。中熟种，生育期 85～90 天，瓜长卵形，顶部大而平。瓜面灰绿色、覆细绿点，并有 10 条灰白色较窄浅沟，单瓜重约 500g。瓜肉淡绿色，厚 2.5cm 左右，肉质细脆，多汁，清甜，品质上等，折光糖含量约 14%，种子千粒重约 19g。

四、光皮系列

（1）西薄洛托。从日本引进，早熟，优质高产，外形美观，果实发育期 40～45 天。植株生长势后期较强，结瓜能力强，单株可结 2～3 个瓜，抗病和抗逆能力较强。瓜圆球形，皮白色透明光滑，外形美观。瓜肉白色，味美具有香味，肉质厚实松脆，水分多，中心折光糖含量 15%～17%。单瓜重约 1.2kg，每亩产量2 000~2 500kg，高产田块可超过3 000kg。

（2）古拉巴。从日本引进，早熟，优质高产，果实发育期40~ 45 天。低温条件下结瓜力和坐瓜性较强。瓜高圆形，瓜皮白绿透明光滑，外观高雅。瓜肉绿色，肉厚，肉质细嫩多汁，中心折光糖含量 15%~16%。单瓜重 1. 2kg 左右，每亩产量1 500~1 800kg。

（3）女神。台湾种，较蜜世界早熟，果实发育期 40~45 天。低温条件下结果能力强，耐贮运，耐蔓割病。瓜短椭圆形，瓜皮淡白色光滑或偶有稀少网纹发生。瓜肉淡绿色，肉质柔软细嫩，中心折光糖含量 14%~16%。单瓜重 1. 5kg 左右。适合温室或大棚栽培。

（4）美玉。极早熟，全生育期约 105 天，果实发育期 35~40 天。植株生长势中等偏强，抗病强。瓜椭圆形，皮乳白色，肉青白色，肉厚 3. 5cm 左右，瓜腔小，肉甘甜多汁，风味清香纯正，中心折光糖含量 15%~17%。单株结果 1. 5 个，单瓜重 1~1. 5kg，最大可达 2kg，大棚栽培每亩产量3 000kg 左右。株幅小、紧凑，叶柄开张度 35°，宜密植，叶片呈心脏形，平展色浓绿，最大叶面积 14cm×15cm，节间 6~8cm。

（5）蜜世界。蜜世界又名蜜露，台湾种，中熟，果实发育期 45~55 天。植株生长势强，优质，抗病，糖度高，丰产性好，耐贮运。瓜高圆形，皮淡白绿色光滑，偶有稀少网纹，瓜肉淡绿色，肉厚，肉质柔软细嫩多汁，风味鲜美。刚采收的瓜肉质较硬，经后熟数天瓜肉软化后食用，汁多，风味佳，中心折光糖含量 14%~16%。单瓜重 1~1. 5kg，每亩产量2 000~2 500kg。适宜于保护地栽培。

（6）伊丽莎白。特早熟，优质丰产，外观美，适温下果实发育期 30~35 天。抗病、抗逆力较强。瓜皮黄艳光滑，瓜肉厚2. 5cm 左右，汁多味甜，具浓郁香味，瓜形整齐，坐瓜性好，果实转熟快，种子黄色，中心折光糖含量 14% ~ 16%。单瓜重 400~600g，每亩产量1 500~2 000kg。适宜于保护地栽培。

五、哈密瓜类型

（1）雪里红。雪里红又名长白瓜，早中熟，果实发育期约 40 天。瓜皮白色，偶有稀疏网纹，成熟时白里透红。瓜肉浅红，肉质细嫩，松脆爽口，中心折光糖含量 15%左右。易发生蔓枯病。

（2）金凤凰。中熟，果实发育期约 45 天。中抗白粉病。瓜长卵形，皮色金黄，全网纹，外观美丽。瓜肉浅橘色，质地细松脆，蜜甜微香，中心折光糖含量 15%左右。平均单瓜重 2. 5kg。

（3）仙果。早熟，果实发育期约 40 天。中抗病毒病、白粉病及蔓枯病。瓜长卵圆形，皮黄绿色覆黑花断条，肉白色，细脆略带果酸味，中心折光糖含量约 16%。单瓜重 1. 5 ~ 2kg。贮放 1 个月肉质不变，仍然松脆爽口。皮薄，栽培时注意后期控水，否则，易裂瓜。

（4）黄醉仙。早熟杂交种，生长势强，对甜瓜疫霉病有一定的抗性。瓜高圆形或圆形，皮金黄色间或有稀网纹，瓜肉青白色，肉，质细软，汁中有浓香味，中心折光糖含量 15%左右，高的可达 16%以上。平均单瓜重 1. 5kg，大的可达 2. 5kg，每亩产量约2 500kg，高的可达4 000kg。

（5）新世纪。台湾种，全生育期约为 85 天。植株生长势健旺，耐低温，结瓜力强。瓜橄榄形或椭圆球形，成熟时瓜皮淡黄色有稀疏网纹。瓜肉厚，呈淡橙色，肉质脆嫩爽口，风味上佳，中心折光糖含量 14%左右。瓜较硬，蒂不易脱落，品质稳定，耐贮运。单瓜重 2kg 左右。

第二节　甜瓜栽培技术

一、无土栽培的好处

无土栽培的甜瓜生长快、产量高，产量比土壤栽培高35%以上。避免土壤污染，可以生产出清洁卫生、少污染、无公害、品质好的产品。由于不施用人粪尿、厩肥等农家肥料，病虫害相对较少，大大减少了农药的使用。瓜大，整齐，颜色鲜艳，商品性和食用品质好。不需要进行土壤耕作、整地、施肥、中耕除草等，田间管理工作大大减少，不仅节省用工，而且劳动强度不大，能大大改善农业生产的劳动条件。通过营养液的科学管理，确保水分和养分的供应，可以大大减少土壤栽培中水肥的渗漏、流失、挥发与蒸发，可以避免土壤连作障碍。

二、大棚甜瓜无土栽培的要点

（1）种子处理及育苗。用清水洗净种子，用40%福尔马林150倍液，或0.1%高锰酸钾，或70%甲基托布津500倍液，或50%多菌灵消毒20~30分钟，再用10%磷酸三钠浸种30分钟，在25~30℃的条件下催芽12~20小时。当芽长到0.1~0.4cm时播种，采用育苗钵育苗。在育苗钵内打一小孔，平放种子，有弯曲的芽尽量向下，然后盖上土，淋透水。齐苗后，瓜苗有戴帽现象的要及时脱去。苗期最适温度为25~30℃，控温、控水。视苗势及时喷施叶面肥补充营养，每5~7天喷1次。当苗长出一片真叶时可喷1 000倍的硝酸钙壮根，每隔3天喷1次。

（2）定植。定植前对大棚进行熏蒸消毒，种植槽内外各撒1层石灰，槽内铺一层薄膜后再放基质。基质配比为蔗渣70%、石灰3.6%、磷肥1.92%、鸡粪22.8%、硝酸钾1%、尿素0.68%，沤制 4 个月。定植在晴天进行，单行单株定植，株距 30~40cm，钵面与基质持平，淋足定根水。

（3）定植后的管理。定植后的 1 周内地温控制在 20℃左右，不应低于 15℃。气温白天控制在 27~30℃，夜间不低于 15℃，以利于缓苗。定植至缓苗期维持棚内空气相对湿度为 70%~80%，缓苗后至坐果期为 65%~70%。低温高湿容易产生病苗，白天应加强通风透气，晚上注意防冻。移植后 1 周可以滴营养液，一般苗期用的浓度小，始花期开始增加浓度。每天滴 1~2 次肥，然后滴清水冲洗，晴天高温时滴 2 次，分别在 11：00 前和 16：00 前。当瓜苗有 5~6 片真叶时吊蔓。

盘蔓要勤，避免瓜苗下垂弯曲。整枝时下部的子蔓要及早除去，以节省养分，促使雌花生长充实，在主蔓第 7~9 节留结果子蔓，并留 2 片叶摘心，其他子蔓留一叶摘心，仅留顶部 1~2 条子蔓，以供给养分。主蔓长至 28~32 节时摘心。当雌花开放时，在 7：00—9：00 摘下刚开的雄花，去掉花瓣，把花蕊放在雌花的柱头上抹几下即可。当瓜长到鸡蛋大小时，每株选留 1 个瓜形端正、皮色鲜艳及生长快的瓜留下，其余的瓜连梗摘除，以免消耗养分。幼瓜长到 250g 左右时，用一根绳系住瓜梗，使主蔓与结瓜蔓垂直，然后把绳的另一端系在竹竿上。如果瓜较大，可先用网兜套住，再用绳子系住网兜。甜瓜从雌花开放到果实膨大需肥量较大，必须及时追肥或喷施叶面肥，以增加养分，提高甜瓜糖度。

甜瓜采用大棚无土栽培时一般很少有虫害。猝倒病苗期易发生，可用敌克松 500 倍液淋根或 50%多菌灵 800 倍液喷雾。病毒病气温高时容易发生，在发病初期喷 1.5%植病灵乳剂 800~1 000倍液或 20%病毒 A 可湿性粉剂 500 倍液，发现有病株要及时拔掉、烧毁。白粉病低温高湿的天气容易发病，可用 20%粉锈宁乳剂2 500~3 000倍液，或 70%甲基托布津可湿性粉剂1 000倍液，或75%百菌清可湿性粉剂500~800倍液喷雾。蔓枯病在发病初期可用70%代森锰锌可湿性粉剂500倍液，或抗枯灵400倍液，或70%甲基托布津可湿性粉剂600倍液喷雾，也可用5倍的甲基托布津或敌克松，或甲基托布津加杀毒矾涂抹病部。

三、生长点受阻的解决措施

刚出土的瓜苗，生长点较幼嫩，此时如果叶面喷药或喷肥的浓度偏高或喷洒量过大，极容易使生长点产生药害而停止生长。幼苗遇到不良天气时，苗床温度过低，易受到冻害，生长点往往会被冻死。幼苗遇到晴朗天气时，午后太阳直射苗床，使畦内温度过高，尤其在苗床湿度较小的情况下，生长点易灼烧，幼嫩的叶片易失水、干裂，严重时死亡。

防止低温障碍，首先要提高苗床土温和棚室温度。防止烤苗，苗床要及时浇水保湿，在晴天的中午要及时通风，降低棚室和苗床温度，白天保持在25℃左右，夜间15~18℃，同时，也要注意避免幼嫩的小苗突然见到强烈的光照。应及时喷洒药液，这样能调节整棵瓜苗的新陈代谢，有利于促进瓜苗细胞分裂和根系发育，提高瓜苗的生理活性，促进生长点正常发育。

四、塑料大棚春茬厚皮甜瓜栽培技术要点

苗龄30~35天，3~4片真叶时定植。发芽期间保持高温，一般播种后3天出苗。育苗期间控制浇水，防止瓜苗徒长。合理施肥，每亩地施有机肥3 000~5 000kg、复合肥50kg左右、钙镁磷肥50kg左右、硫酸钾（禁用氯化钾）20kg左右、硼肥1kg。

施肥后深翻地。大果型甜瓜的种植密度小，应开沟集中施肥。高畦或垄畦栽培，高畦的畦面宽90~100cm、高15~20cm，每畦栽2行；垄畦宽40~50cm、高15~20cm，每畦栽1行。

大棚内的最低温度稳定在10℃以上后开始定植。缓苗期间

白天温度25～32℃，夜间温度20℃左右，最低温度不低于10℃。缓苗后降低温度，白天温度25℃左右，夜间12～15℃。结瓜期白天温度28℃左右，可短时间保持在32～35℃，夜间温度15℃以上。网纹甜瓜在网纹形成期对低温反应敏感，温度低于18℃时，果皮硬化迟缓，网纹稀少并且粗劣。

坐瓜前一般不再浇水，特别是开花坐瓜期要严格控制浇水量，防止瓜秧旺长，引起落花。坐瓜后开始浇水，始终保持地面湿润，避免土壤忽干忽湿，以免引起裂果。结果期加强通风，避免空气湿度过高。网纹甜瓜在网纹形成期如果空气湿度过高，不仅影响网纹的质量，而且容易导致果面裂缝处发病。施足底肥，坐瓜前不再追肥。坐瓜后，根据结瓜期长短适当追肥2～3次。

大棚春茬厚皮甜瓜栽培一般采用吊蔓栽培、单蔓整枝、子蔓结瓜，瓜蔓伸长后，每株甜瓜准备一根细尼龙绳。绳的上端系在横线上，下端拴在瓜秧的基部，随着瓜蔓伸长，定期将瓜蔓缠绕到吊绳上。甜瓜茎蔓加粗后，要将系在茎蔓基部的吊绳解开，重新换大扣系好，防止绳扣勒伤或勒断茎蔓。大棚栽培的甜瓜需要进行人工授粉，雌花开放当日的7：00—9：00，从植株上摘取刚开放的雄花，去掉雄花的花瓣，露出花蕊，将花蕊上的花药对准雌花的柱头轻轻摩擦几下，使花粉均匀涂抹到柱头的表面。人工授粉时，授粉量要足，并且要均匀授粉，避免形成扁头瓜。当瓜长至鸡蛋大小时开始选留瓜，小果型品种（单瓜重500g以下）每株留1个瓜，适宜的留瓜节位为第12～15节；大果型品种（单瓜重1kg以上）每株留1个瓜，适宜的留瓜节位为第15～18节。

五、薄皮甜瓜春季地膜覆盖栽培要点

育苗期40天左右，用阳畦或普通日光温室进行育苗，定植前进行低温炼苗。采取爬地栽培的形式，行距1.2～1.6m，株距

依留蔓的数量不同，30～60cm 不等。提倡大、小行距栽苗，大行距 2.0~2.5m，小行距 50cm。定植后浇足水，并覆盖地膜。

以主蔓结瓜为主的小果型品种，密集早熟栽培多采取单蔓整枝法；以孙蔓结瓜为主的中、小果型品种，密集早熟栽培宜采取双蔓整枝法；高产栽培应采取四蔓整枝法或六蔓整枝法。瓜蔓伸长后，应及时用土块或枝条压住或卡住瓜蔓，使瓜蔓沿着要求的方向伸长。小果型品种密集栽培每株留 2～4 个瓜，稀植时留 5 个以上；大果型品种每株留 4~6 个瓜。

六、种植技术要点

（1）整地施肥。要求精细整地，深耕 25cm，使土壤疏松。将底肥的一半全面撒施，再翻入土中，整平后开沟集中施肥和作畦。一般每亩施优质厩肥 3 000～5 000kg、过磷酸钙 50kg、硫酸钾 15～20kg、饼肥 100kg。

（2）移栽定植。棚内的栽植密度一般可较拱棚双膜覆盖大些，在扣膜的畦面上按株距划出定植穴位，选晴天定植。定植穴的大小应与土坨或营养钵的大小相适应，然后向穴内浇适量底水，待水刚渗下时栽苗。

（3）控制大棚内的温湿度。定植后 5～7 天要注意提高地温，保持在 27℃以上，促进缓苗。若白天温度高于 35℃，则应设法遮光降温。缓苗后可开始通风，以调节棚内温度，一般白天不高于 32℃，夜间不低于 15℃。进入膨瓜期和成熟期，昼温高或温差过大会导致果实肉质变劣，品质下降。采用地膜覆盖可明显降低空气湿度，白天相对湿度一般为 60%～70%，夜间为 80%～90%。降低棚内空气湿度有利于减少病害。

（4）光照及气体成分的调节。保持棚膜洁净，保证棚顶部和两侧的光线进入大棚内部，棚内及时补充二氧化碳。大棚密植时，要实行较严格的整枝，主要在瓜坐住以前进行，摘除卷须。

在上午7：00—9：00进行授粉，阴天雄花散粉晚，可适当延后。留瓜过早则瓜小且瓜形不正，过晚则不利于早上市，一般授粉后3~5天瓜胎即明显长大。伸蔓期水量适中，开花坐果期不浇水，以防止徒长，并促进坐瓜。幼瓜长到鸡蛋大小后进入膨瓜期，此时，浇水可促进幼瓜膨大。

七、提高甜瓜含糖量措施

选用优良品种，优化栽培技术，科学地进行配方施肥，增施有机肥料、钾肥和微肥，适量施用磷肥，少施速效氮肥。特别是坐瓜以后，要注意追施足量钾肥，严禁大量追施速效氮肥，防止因氮肥使用过多，果实口感差、含糖量低。科学整蔓，保持合理的叶面积系数，保障坐瓜。坐瓜以后适当控制叶面积，保证甜瓜植株群体结构合理。人工授粉，保证及时坐瓜，减少畸形瓜的产生。喷施叶面肥，提高果实含糖量，特别是坐瓜后要及时喷施0.3%的磷酸二氢钾。空中坐瓜，其果实部位的光照强度明显高于地面的，因此，糖分足，果面光亮，色彩鲜明。

使用增产菌拌种，在5~6叶期喷施。使用甜瓜素浸种，同时在甜瓜苗期、坐果期、膨大期喷施甜瓜素200~300倍液。在5~6叶期、膨大期喷施稀土。追施有机肥，如饼肥等，也能增加含糖量。

八、防止出现肥害和药害的措施

产生肥害的原因是施肥量过大，整株叶片深绿色，甚至可把叶片烧焦；追肥离根系太近，烧伤根系而引起叶蔓枯黄。药害指喷药浓度过大，轻者叶蔓褪色，重者烧焦植株。除草剂及其他有毒农药在土壤中残留可抑制果实生长，使植株节间缩短、叶片畸形，轻者可推迟开花坐果，重者可造成绝收。

根外追肥浓度过大引起的肥害，要迅速喷清水冲刷植株；

施肥烧坏根系的，应灌大水，降低肥料浓度，冲洗土壤。如苗已烧坏，要及时补苗，中耕松土，以恢复生长。药害的补救办法是立即喷清水，稀释药液浓度，对于已经造成危害的地块，要加强田间管理，使其迅速恢复生长，用新茎、新叶来代替受害的茎叶。

九、地膜覆盖栽培的优点

有利于提高地温，白天阳光穿透地膜为土壤加热，起到了提高地温的作用。有利于保墒，覆盖地膜后，减少了土壤水分的蒸发。当土壤水气上升时，受到地膜的阻挡，凝结成水滴又回到土壤中。改善了植株周围的小气候，植株中下部叶片能多得到10.5%的反射光。地膜还能降低棚内空气的湿度，因而可以减轻病害的发生。地膜覆盖有利于促进有机肥的转化，提高利用率，促进甜瓜植株的生长发育。由于盖膜改善了植株的生长条件，比不覆盖的提早5~7天成熟，增产30%~50%。地膜覆盖还可减轻土壤板结，灌溉的水是从地膜下流过的，通过定植孔和边缘向下渗漏，避免了地表漫灌，土壤孔隙度增加，含水量和含气量都有所提高，土壤结构得到了改善，促进了根际微生物的活动和土壤养分的转化。

十、病虫害综合防治

1. 甜瓜炭疽病

（1）症状。幼苗染病，在近地面茎上出现水浸状病斑，叶上病斑近圆形，黄褐色或红褐色，边缘有黄色晕圈；茎和叶柄染病，病部为稍凹陷长圆形病斑；果实染病，病部凹陷开裂，湿度大时溢出粉红色黏稠物。

（2）防治方法。

①与非瓜类作物实行3年以上轮作。

②用75%百菌清可湿性粉剂800倍液或50%甲基硫菌灵可湿性粉剂800倍液喷雾。

2. 甜瓜叶枯病

（1）症状。主要为害叶片。真叶染病初见褐色小点，后病斑逐渐扩大，边缘稍隆起，病健部界限明显，但轮纹不明显，边缘呈水浸状，几个病斑汇合成大斑，致叶片干枯。果实染病，症状与叶片类似，病菌可侵入果肉，形成果腐。

（2）防治方法。

①选用无病种瓜留种：种子用0.3%的75%百菌清可湿性粉剂或50%扑海因可湿性粉剂拌种。

②轮作倒茬，不与葫芦科作物连作。

③加强栽培管理，增施有机肥，提高植株抗病力。防止大水漫灌，早期发现病叶及时摘除深埋或烧毁。

④用75%百菌清可湿性粉剂600倍液或50%扑海因可湿性粉剂1 500倍液、50%速克灵可湿性粉剂1 500倍液喷雾，隔7~10天喷1次，连喷2~3次。

3. 甜瓜花叶病

（1）症状。发病初期叶片出现黄绿与浓绿镶嵌的花斑，叶片变小，叶面皱缩，凹凸不平、卷曲。蛀蔓扭曲萎缩，植株矮化，瓜小，果面有浓淡相间斑驳，或轻微鼓突状凸起。

（2）防治方法。

①以栽培防病为主，及时灭蚜。

②种子处理，用55℃温水浸种20分钟后移入冷水中冷却，再催芽、播种。

③培育壮苗、适期定植。整枝打杈及授粉等农事操作不要碰伤叶蔓，防止接触传染。

④采用配方施肥技术，提高抗病力。

⑤发现蚜虫及时喷洒20%病毒A可湿性粉剂500倍液。

4. 甜瓜蔓枯病

（1）发病症状。主要为害主蔓和侧蔓。初期，在蔓节部出现浅黄绿色油渍状斑，病部常分泌赤褐色胶状物，而后变成黑褐色块状物。后期病斑干枯、凹陷，表面呈苍白色，易碎烂，其上生出黑色小粒点，即病菌的分生孢子器。瓜蔓显症3~4无后，病斑即环茎1周，7天后产生分生孢子器，严重的14天后病株即枯死。果实染病，主要发生在靠近地面处，病斑圆形，大小1.5~2cm，初亦呈油渍状，浅褐色略下陷，后变为苍白色，斑上生有很多小黑点，同时，出现不规则圆形龟裂，湿度大时，病斑不断扩大并腐烂，菌丝深入到果肉内，果面现白色绒状菌丝层，数天后产生黑色小粒点。

（2）防治方法。

①农业措施：选用龙甜1号等抗蔓枯病品种，此外，还可选用伊丽莎白、新蜜杂等早熟品种。采用高畦或起优种植，严禁大水漫灌，防止该病在田间传播蔓延。合理密植，采用搭架法栽培，此法对改变瓜田生态条件，减轻发病效果明显。及时整枝、打杈，发现病株及时拔除。施用充分腐熟的有机肥。

②药剂防治：发病初期在茎基部或全株喷洒20%利克菌可湿性粉剂1 000倍液，或40%拌种双粉剂悬浮液500倍液，或24.9%待克利乳油3 000倍液，或80%新万生可湿性粉剂500倍液等药剂，隔8~10天再喷1次，共喷2~3次。棚室栽培时可喷撒5%防黑霉粉尘剂，每亩用药1kg。

5. 甜瓜霜霉病

（1）主要症状。霜霉病主要为害叶片。发病初期叶片上先出现水渍状黄色小斑点。病斑扩大后，受叶脉限制呈不规则多角形、黄褐色。在潮湿条件下，叶背病斑上长有灰黑色霉层（即孢囊）。病情由植株基部向上蔓延，严重时，病斑连成片，全叶黄褐色，干枯卷缩，叶易破，病田植株一片枯黄。瓜瘦小，品质变劣，甜瓜含糖量降低。

（2）发病条件。霜霉病病菌以卵孢子在土壤中的病残体上越冬，也可在温室瓜上越冬，病原菌以菌丝体、孢子囊通过气流、雨水、害虫传播。孢子囊萌发后，自寄主气孔或直接穿透寄主表皮侵入。霜霉病的发生和流行与温、湿度关系最大，特别是湿度。湿度越高，孢子囊形成越快，数量越多。孢子囊的萌发必须在叶面有水滴或水膜存在，而在干燥条件下，孢子囊 2~3 天后即失去萌芽力。因此，暴雨、大雨或漫灌后，病组织出现水渍状，并迅速扩展，易造成病害发生和流行。孢子囊的产生，要求光照和黑暗交替的环境条件，一般连作地、地势低洼、栽培过密、肥料不足、浇水过多、排水不良、地面潮湿等地发病重。品种间抗性有明显差异，多数品质好的品种抗病性较差。

（3）防治方法。

①农业防治：种植抗病性较强的品种；选择地势高、土质肥沃、质地沙壤的地块栽种甜瓜，要求施足基肥，追施磷、钾肥；在生长前期适当控水，结瓜后严禁大水漫灌，并注意排除田间积水；及时整枝打杈，保持株间通风良好。

②药剂防治：霜霉病通过气流传播，发展迅速，易于流行，故应在发病初期及早喷药才能收到良好防效。可选用 72% 克露（克霜氰、霜脲锰锌）可湿性粉剂 700 倍液，或 72%普力克水剂 600 倍液，或 25%瑞毒霉可湿性粉剂或 25%甲霜灵可湿性粉剂 800~1 000倍液，或 70%百德富可湿性粉剂或 40%乙膦铝可湿性粉剂 250~300 倍液，或 75%百菌清可湿性粉剂 600 倍液，或 68%甲霜锰锌可湿性粉剂 400 倍液，或 64%杀毒矾可湿性粉剂 400 倍液，或 50%福美双可湿性粉剂 500 倍液等交替喷雾（注意：苗期谨慎用药，因有些品种易产生药害）。若霜霉病与细菌性叶斑病混发，可用 50%琥胶肥酸铜可湿性粉剂 500 倍液加 25%甲霜灵可湿性粉剂 800 倍液等喷雾，混合配药应现

用现配。

6. 甜瓜白粉病

（1）主要症状。在甜瓜全生育期都可发生。主要为害叶片，严重时，也为害叶柄和茎蔓。叶片发病，初期在叶正、背面出现白色小粉点。逐渐扩展呈白色圆形粉斑，多个病斑相互连接，使叶面布满白粉。随病害发展，粉斑颜色逐渐变为灰白色，后期偶有在粉层下产生黑色小点。最后病叶枯黄坏死。

（2）发病条件。病菌随病残体在保护地内越冬，也可以分生孢子在其他寄主上为害越冬。借气流和雨水传播。病菌喜温，亦耐干燥，高温干燥和潮湿交替有利于病害发生发展。高湿条件适宜发病。生长中后期植株生长衰弱发病严重。品种间对白粉病的抗性有明显差异。

（3）防治方法。

①农业防治：要因地制宜选用抗（耐）白粉病品种；培育壮苗，定植时施足底肥，增施磷钾肥，避免后期脱肥；生长期加强管理，注意通风透光。

②药剂防治：发病初期选用农抗120或武夷菌素200~300倍液，或40%福星（新星）乳油8 000倍液，或2%加收米水剂600倍液，或50%硫黄悬浮剂400倍液，或30%特富灵可湿性粉剂4 000倍液，或15%粉锈宁可湿性粉剂1 000~1 500倍液交替喷雾。保护地种植，发病初期选用5%百菌清粉尘剂或5%加瑞农粉尘剂1kg/亩喷粉，防治效果理想。

第七章　番　茄

番茄又名西红柿（学名：*Lycopersicon esculentum* Mill.），原产南美洲，中国南北方广泛栽培。番茄的果实含有丰富的维生素、矿物质、碳水化合物、有机酸及少量的蛋白质，可以生食、煮食、加工番茄酱、汁或整果罐藏。番茄中的维生素 C，有生津止渴，健胃消食，凉血平肝，清热解毒，降低血压之功效，对高血压、肾脏病人有良好的辅助治疗作用。番茄中的维生素 D 可保护血管，治高血压。所含谷胱甘肽有推迟细胞衰老，增加人体抗癌能力。胡萝卜素可保护皮肤弹性，促进骨骼钙化，防治儿童佝偻病、夜盲症和眼干燥症。同时，含有对心血管具有保护作用的维生素和矿物质元素，能减少心脏病的发作。番茄红素具有独特的抗氧化能力，能清除自由基，保护细胞，使脱氧核糖核酸及基因免遭破坏，能阻止癌变进程。尼克酸能维持胃液的正常分泌，促进红细胞的形成，有利于保持血管壁的弹性和保护皮肤。食用番茄对防治动脉硬化、高血压和冠心病也有帮助。

第一节　番茄优良品种介绍

（1）中杂 109。中国农业科学院蔬菜花卉研究所、北京中蔬园艺良种研究开发中心培育。无限生长，粉红，耐贮运，抗病。

（2）金鹏 M6。冬、春专用品种。粉红，早熟，抗线虫，无限生长，商品性优于金鹏 1 号。西安金鹏种苗有限公司培育。

（3）金鹏 M5。高抗线虫高秧粉红大果。西安金鹏种苗有限公司培育。

（4）金辉1号。北京中农绿亨种子科技公司培育。粉红，抗裂果，超长货架期（可达30天），光滑无棱，设施和露地栽培均可，坐果能力强。越冬性好，中早熟，长势强，果实圆形，粉红色，果肉硬度好。单果重250g。抗TOMV、叶霉病，耐疫病和枯萎病。

（5）雷诺102。西安桑农种业有限公司培育。粉红。国产粉果品种的早熟性，进口大红果的外观和硬度。早熟性好，第9叶生第一穗花。连续坐果能力强。高扁圆形。较耐寒。对水肥条件要求要高，点花浓度要低。

（6）欧冠。中早熟，无限生长，长势强，具有大红番茄的长势。果色粉红，果面光滑，颜色艳丽，无绿肩及绿皮，不裂果、不空心，畸形果少。果实圆球形，略扁。果实硬度高，货架期长，极耐贮运。果实大小均匀，单果重240~320g。坐果率高，连续坐果能力强，低温弱光环境不会对坐果造成影响。不空穗、不早衰，增产潜力大。抗病性强，高抗烟草花叶病毒、条斑病毒、早疫病、晚病病、灰霉病等多种病害。适宜秋延迟、深冬、早春保护地栽培。

（7）浙粉701。浙江省农科院蔬菜研究所、浙江省浙农种业有限公司培育。抗TY、叶霉病、烟草花叶病毒和枯萎病。早熟，无限生长类型，综合抗性好，幼果无绿肩，成熟果粉红色，色泽艳丽，果形高圆，商品性好，硬度高，耐贮运，单果重250g左右。适应性广，稳产高产，全国喜食粉红果地区均可种植。

（8）迪粉特。以色列品种。高抗TY，粉果，280g。山东青州市四季种业总代理。

（9）金棚901。西安金鹏种苗有限公司培育。抗TY病毒，中晚熟，粉红，大果，叶量大。

（10）茸毛新秀。西安桑农种业有限公司培育。大架，多毛，早熟，深粉红果。单果重200～300g，果实周正，果面光亮，果脐小，硬度特高，不易裂果，萼片美观，商品率高。因为茸毛的机械作用，对蚜虫、白粉虱，早疫病、晚疫病和虫传病毒病都有较强抗性。

（11）朝研KT-10。天津朝研种苗科技有限公司培育。新育成的抗TY病毒番茄品种。中早熟，无限生长，植株长势旺盛，果实圆形，硬度高，耐长途运输，单果重300～350g。是目前粉红果中果个儿大、硬度高、产量超高的品种之一。适合春露地、冬春保护地、秋延后栽培。

（12）德赛T-9。陕西德赛种业有限公司培育。高抗TY病毒，粉果，无限生长，单果重220～250g，早熟，硬度好。

（13）申粉V-86。上海市农业科学院园艺研究所、上海嘉田番茄种业科技有限公司培育。无限生长，长势较强，中早熟，节间中等，幼果无绿肩，成熟果粉红色，果形圆，单果重220g，抗TY病毒。保护地、露地均可种植。

（14）粉红958、968。上海长种番茄种业有限公司推出的合作958、合作968粉红番茄品种。

（15）宝丽。法国Clause蔬菜种子公司培育的无限生长粉果品种。中早熟，长势强，节间中等，产量高，每穗果4个左右，大小均匀，果形高圆略扁，单果质量200g左右，转色快，颜色鲜艳，着色均匀，无青肩，果皮厚，硬度好，耐储运。抗TY病毒、烟草花叶病毒、马铃薯花叶病毒、根结线虫病，耐枯萎病和黄萎病。适于早春和秋季保护地栽培。

（16）东农715。东北农业大学培育。无限生长类型，植株深绿色，长势强，中熟。幼果无绿肩，成熟果粉红色，颜色鲜艳。果实圆形，果脐小，果肉厚，果实光滑圆整，平均单果重230～250g。耐贮运，货架期15天以上，不裂果，硬度大，高抗TY、叶霉病、枯萎病和黄萎病。耐低温性好，低温下果实膨大速度快，不容易出现畸形果。每亩产量10 000～15 000kg，适合全国保护地栽培。

（17）春雷。上海市农业科学院园艺研究所、阜地种子有限公司培育。朱为民博士培育。高秧粉红果。早熟性突出，耐低温性好，商品性佳，长势强，抗性好。适合温室、大棚春提早和秋延后栽培。

（18）秦皇抗线108。西安秦皇种苗有限公司培育。无限生长，中早熟，粉红，硬果，抗根结线虫，硬果。200～300g，硬度高，耐贮运，连续坐果能力强。

（19）R－800。大果型，红色，耐雨水，耐裂果，耐花头，耐干旱，膨大快，单果重200～250g（以色列）。

（20）R－208。大果型，红色，抗TY品种，单果重180～250g（以色列）。

（21）齐达利。中熟，无限生长，果实圆形，大红，单果重220g，果硬，耐贮运，抗黄化曲叶病毒和花叶病毒，抗枯萎病和黄萎病，适宜北方秋延迟栽培。每亩1 800株，每穗留4个果。结果期温度控制在25～28℃，夜间最低温度控制在10℃左右。降低保花保果激素使用深度。

（22）飞天。早熟，亮红，连续坐果能力强，果硬，货架期长。果实扁圆形，单果重160～200g，抗黄化曲叶病毒、黄萎病、斑萎病毒、烟草花叶病毒等。适宜春、秋冬季栽培。

（23）浙杂501。浙江省农科院蔬菜研究所、浙江省浙农种业有限公司培育。抗TY、叶霉病、烟草花叶病毒和枯萎病。中早熟，无限生长类型，综合抗性好，幼果无绿肩，成熟果大红色，色泽亮丽，果形圆整，商品性好，硬度高，耐贮运单果重220g左右，果实大小均匀。适应性广，抗逆性好，连续坐果能力强，稳产高产，全国各地均可种植。

（24）David（大卫）。北京中农绿亨种子科技有限公司总代理。高抗 TY1-5，高抗线虫（N），红色，大果型，高硬度。无限生长，长势旺盛，耐寒耐热，适应性广。大红色，扁圆形，单果重 250~300g，坚硬耐运，货架期长。适合温室及露地早春、秋延及越冬栽培。

（25）Gold（歌德）。北京中农绿亨种子科技有限公司总代理。高抗 TY1-5，高抗线虫（N），红果，货架期长。

（26）R-106。以色列金卡拉，石头番茄。连续 6 年种植表现良好，大红果，品质好，口感佳，丰产。耐湿，耐花头，耐裂果。大果型，果实硬，苹果型，单果重 220~260g，大果可达 300g 以上。适宜北方大棚越夏种植及南方高山露地栽培（广州亚蔬）。

（27）6629。以色列品种。越冬早春，大红果，280g，高硬度，萼片美观。山东青州市四季种业总代理。

（28）6609。以色列品种。早春耐热，大红果，260g，耐热性强，萼片美观。山东青州市四季种业总代理。

（29）9020。以色列品种。耐热品种，大红果，耐热性好，260g。山东青州市四季种业总代理。

（30）金品 29。以色列品种。越冬早春，大红果，280g，高硬度，萼片美观。山东青州市四季种业总代理。

第二节　番茄栽培技术

一、春季大棚栽培技术

（一）播种育苗

1. 品种选择

大棚早春栽培，以选用耐低温、耐弱光、抗灰霉病、粉红果的早品种为宜。若用中晚熟品种，要选前期产量高，果实商品性状好，品质优，抗叶霉病及早、晚疫病的品种。

2. 播种期

11 月上中旬在大棚内播种育苗，翌年 1 月下旬至 2 月中旬定植，4 月上旬至 7 月上旬采收。

3. 种子处理

播种前进行种子处理，剔除杂质、劣籽后，用 55℃温水浸种 15 分钟，并不断搅拌。将种子放在清水中浸种 3~8 小时，捞出用纱布包好，在 25~30℃的环境中催芽，50%以上种子露白即可播种。

4. 播种

常用的育苗方法有两种，即苗盘育苗和苗床育苗。

（1）苗盘育苗。苗盘规格是 25cm×60cm 的塑料育苗盘，每个盘播种 5g，每亩生产田用种 30~40g。装好营养土浇足底水后播种，播后覆盖 0.5cm 左右厚的盖籽土。苗盘下铺电加温线，上盖小环棚。营养土配制是按体积比肥沃菜园土 6 份、腐熟干厩肥 3 份、砻糠灰 1 份配制而成。

（2）苗床育苗。苗床宽 1.5m，平整后铺电加温线，电加温线之间的距离为 10cm，然后覆盖 10cm 厚的营养土，浇足底水后播种，播后覆盖 0.5cm 左右厚的盖籽土。播种量每平方米 15g 左右。苗床上盖小环棚。

5. 苗期管理

当幼苗有 1 片真叶时进行分苗，移入直径 8cm 的塑料营养钵内，然后在大棚内套小环棚，加盖无纺布、薄膜等保温材料。整个育苗期间以防寒保暖为主，并要遵循出苗前高、出苗后低，白天高、夜间低的温度管理原则。夜间温度不应低于 15℃，白天温度在 20℃以上，以利花芽分化，减少畸形果。同时，要预防高温烧苗，应根据天气情况和苗情适时揭盖覆盖物。出苗后应经常保持多见阳光，当叶与叶相互遮掩时，拉大营养钵的距离，以防徒长。苗期可用叶面肥，如天缘、赐保康等喷施。壮苗标准是苗高 18~20cm，茎粗 0.6cm 左右，节间短，有 6~8 片真叶。植株健壮，50%以上苗现蕾，苗龄 65~75 天。定植前 7 天左右注意通风降温，加强炼苗。

（二）定植前准备

1. 整地作畦

选择地势高爽，前 2 年未种过茄果类作物的大棚，施入基肥并及早翻耕，然后做成宽 1.5m（连沟）的深沟高畦，每标准棚（30m×6m）做 4 畦。畦面上浇足底水后覆盖地膜。

2. 施基肥

一般每亩施腐熟有机肥4 000kg 或商品有机肥1 000kg，再加25%蔬菜专用复合肥 50kg 或 52%茄果类蔬菜专用肥（N：P_2O_5：K_2O=21：13：18）30~35kg，肥料结合耕地均匀翻入土中后作畦。

（三）定植

1. 定植时间

当苗龄适宜，棚内温度稳定在 10℃以上时即可定植。一般在 1 月下旬至 2 月上旬，选择晴好无风的天气定植。

2. 定植方法

定植前营养钵浇透水，畦面按株行距先用制钵机打孔，定植深度以营养钵土块与畦面相平为宜。定植后，立即浇搭根水，定植孔用土密封严实。同时，搭好小环棚，盖薄膜和无纺布。

3. 定植密度

每畦种 2 行，行距 60cm，株距 30~35cm，每亩栽2 400株左右。

（四）田间管理

大棚春番茄的管理原则以促为主，促早发棵、早开花、早坐果、早上市，后期防早衰。

1. 温光调控

定植后闷棚（不揭膜）2～4天。缓苗后根据天气情况及时通风换气，降低湿度，通风先开大棚再适度揭小棚膜。白天尽量使植株多照阳光，夜间遇低温要加盖覆盖物防霜冻，一般在3月下旬拆去小环棚。以后通风时间和通风量随温度的升高逐渐加大。

2. 植株整理

第一花序坐果后要搭架、绑蔓、整枝，整枝时根据整枝类型将其他侧枝及时摘去，使棚内通风透光，以利植株的生长发育。留3～4穗果时打顶，顶部最后一穗果上面留2片功能叶，以保证果实生长的需要。每穗果应保留3～4个果实，其余的及时摘去。结果后期摘除植株下部的老叶、病叶，以利通风透光。

3. 追肥

肥料管理掌握前轻后重的原则。定植后10天左右追1次提苗肥，每亩施尿素5kg。第一花序坐果且果实直径3cm大时进行第二次追肥，第二、第三花序坐果后，进行第三、第四次追肥，每次每亩追尿素7.5～10kg或三元复合肥5～15kg。采收期，采收1次追肥1次，每次每亩追尿素5kg、氯化钾1kg。

4. 水分管理

定植初期，外界气温低，地温也低，不利于根系生长，一般不需要补充水分。第一花序坐果后，结合追肥进行浇灌，此时，大棚内温度上升，番茄植株生长迅速，并进入结果期，需要大量的水分。每次追肥后要及时灌水，做到既要保证土壤内有足够的水分供应，促进果实的膨大，又要防止棚内湿度过高而诱发病害。

5. 生长调节剂使用

第一花序有2～3朵花开时，用激素喷花或点花，防止因低温引起的落花落果，促进果实膨大，抑制植株徒长是确保番茄早熟丰产的重要措施之一。常用激素主要为番茄灵，用于浸花，也可用于喷花，浓度掌握在 30～40mg/kg。使用番茄灵必须在植株发棵良好、营养充足的条件下进行，因此，定植后不宜过早使用。番茄灵也可防止高温引起的落花落果，在生长后期也可使用，但使用后要增加后期的追肥，防止早衰。

（五）采收

番茄果实已有 3/4 的面积变成红色时，营养价值最高，是作为鲜食的采收适期。通常第一、第二花序的果实开花后 45～50 天采收，后期（第三、第四花序）的果实开花后 40 天左右采收。采收时应轻拿、轻放，并按大小等分成不同的规格，放入塑料箱内。一般每亩产量4 000kg 左右。

（六）包装

按番茄的大小、果型、色泽、新鲜度等分成不同的规格进行包装，要清除烂果、过熟、日伤、褪色斑、疤痕、雹伤、冻伤、皱缩、空腔、畸形果、裂果、病虫害及机械伤明显不合格的番茄。用于包装的番茄必须是同一品种，包装材料应使用国家允许使用的材料，包装完毕后贴上标签。

二、秋季栽培技术

（一）品种选择

选用抗病，抗逆性强，耐低温弱光，连续结果能力强，优质、高产、耐储运、商品性好的品种。

（二）播种时期

播种期一般在 7 月中旬，延后栽培的可推迟到 8 月上旬前。

（三）育苗

秋番茄也要采取保护地育苗，以减少病毒病的为害。播种方法与春季大棚栽培相同，先撒播于苗床上，再移栽到塑料营养钵中，或者采用穴盘育苗，将番茄种子直接播于 50 穴或 72 穴穴盘中。穴盘营养土可按体积比按肥沃菜园土 6 份、腐熟干厩肥 3 份、砻糠灰 1 份或蛭石 50%、草炭 50%配制。播种前浇透水，播后及时覆盖遮阳网，苗期正值高温多雨季节，幼苗易徒长，出苗后要控制浇水，应保持苗床见干见湿。遇高温干旱，应适量浇水抗旱保苗。秋季番茄苗龄不超过 25 天。

（四）整地作畦

秋番茄的前茬大多是瓜果类蔬菜，土壤中可能遗留下各种有害病菌，而且因高温蒸发土壤盐分上升，这对种好秋番茄极为不利。所以，前茬出地后，应立即进行深翻、晒白，灌水淋洗，然后每亩施商品有机肥 500～1 000kg 和 45%硫酸钾 BB 肥 30kg，深翻整地，再做成宽 1.4～1.5m（连沟）的深沟高畦。

（五）定植

8 月中旬至 9 月初选阴天或晴天傍晚进行，每畦种 2 行，株距 30cm，边栽植边浇水，以利活棵。

（六）田间管理

定植后要及时浇水、松土、培土。活棵后施提苗肥，每亩施尿素 10kg 左右。第一穗果坐果后，每亩施三元复合肥 15～20kg，追肥穴施或随水冲施。以后视植株生长情况再追肥 1～2 次，每次每亩施三元复合肥 10～15kg。

开花后用（25～30）$\times 10^{-6}$mg/kg 浓度的番茄灵防止高温落花、落果。坐果后注意水分的供给。

秋番茄不论早晚播种都以早封顶为好，留果 3～4 层，这样可减少无效果实的产生，提高单果重量。秋番茄后期的防寒保暖工作很重要，一般在 10 月底就要着手进行。种在大棚内的，夜间要放下薄膜；种在露地的，要搭成简易的小环棚。早霜来临前，盖上塑料薄膜，一直沿用到 11 月底。作延后栽培的，进入 12 月后，要开始加强保暖措施。可在大棚内套中棚，并将番茄架拆除放在地上，再搭小环棚，上面覆盖薄膜和无纺布等防寒材料。如果措施得当，可延迟采收到2月中旬。其他田间管理与春季大棚栽培相同。

（七）采收

10月中下旬可开始采收。采用大棚延后栽培的，可采收到翌年的2月。露地栽培的秋番茄每亩产量为1 000~2 000kg，大棚栽培的秋番茄每亩产量为2 000~2 500kg。

第八章　茄　子

茄子起源于亚洲东南热带地区，为茄科茄属植物。茄子是我国南北各地栽培普遍的蔬菜之一，含有丰富的蛋白质、维生素、钙盐等营养成分，适应性强，生长期长，产量高，是北方地区夏秋季的主要蔬菜之一。

茄子根系发达，由主根和侧根组成。其根群深达 120~150cm，横展 1cm 左右，吸收能力强。育苗移栽的茄子根系分布较浅，多分布在土壤 30cm 土层。茄子的根系木栓化较早，再生力弱，不适多次移植。

茄子茎直立、粗壮，分枝较规则，为假二杈分枝。一般早熟品种在主茎生长 6~8 片真叶后，即着生第 1 朵花。中熟或晚熟品种要长出 8~9 片叶以后才着生第 1 朵花。当顶芽变为花芽后，紧挨花芽的 2 个侧芽抽生成第一对较健壮的侧枝，代替主枝生长，呈 Y 形。以后每一侧枝长 2~3 片叶后，又形成一花芽和 1 对次生侧枝。依此类推。由于茄子花芽下的第一侧枝分化与生长和番茄相似，第二侧枝强健，所以，所结果实在形态上不在二杈正中，而是生长在一侧。主茎的叶腋也可生出侧枝、开花结果，但这些枝较弱，果实成熟晚，所以，要多摘除。

茄子单叶、互生，有长柄。蒸腾量较大。茄子茎和叶的色泽有绿有紫，果实为紫色的品种，其嫩茎及叶柄带紫色；果实白、青的，则茎叶的为绿色。

完全花，自花授粉，花多单生，个别品种簇生。花色淡紫或白色，花分为长柱花、中柱花、短柱花，长柱花为健全花，能正常授粉，但异交率高；短柱花不健全，授粉困难。

果实为肉质浆果，主要由果皮、胎座、髓部和种子组成，其海绵组织为主要食用部分。果形有圆、扁圆、长形及倒卵圆形，果色有深紫、鲜紫、白色与绿色。每果内有种子 500~1 000粒，千粒重 4~5g。

第一节　生长发育周期

1. 发芽期

从种子发芽到第一片真叶出现（破心），30℃条件下 6~8 天即可发芽。

2. 幼苗期

从第一片真叶出现到第一花序现蕾。此期以真十字期（4 片真叶）为转折点，分为前后 2 个阶段，真十字前期营养生长阶段，幼苗生长量的 85% 在期完成。进入真十字后期开始花芽分化，植株健壮花芽分化良好。

3. 开花结果期

从第一花序现蕾到收获完毕，此期按生长过程分为门茄现蕾期、门茄瞪眼期、对茄与四面斗结果期、八面分时期。门茄现蕾标志着结果期开始，为定植适期。门茄瞪眼到四面斗成熟为产量的高峰期。此期茎叶和果实同时生长，养分竞争较大易产生果实对茎叶或下部果对上部果的抑制作用，栽培上需注意。

第二节　对环境条件的要求

一、温度

生育适温为 25~30℃，比番茄稍高。17℃以下生育缓慢，花芽分化延迟，花粉管伸长受抑，会引起落花。10℃以下则代谢失调，5℃以下会有冷害，0℃以下冻死。开花适温 20~25℃，夜温 15~20℃，高于 35℃花器官发育不良，特别是夜温过高时，由于消耗大，果实生长慢，甚至产生僵果。

二、光照

喜光，光饱和点为40 000lx，补偿点为2 000lx。茄子对光照长短反应不敏感，但光照度对其影响较大，幼苗期光照度弱，苗易徒长，花芽分化与开花晚，光合作用降低，产量下降，着色不好。

三、水

耐旱性弱，需要充足的土壤水分供给，水分不足植株生长缓慢，花果实发育不良，果面粗糙无光泽。土壤过湿通气不良，容易引起烂根。

四、土壤营养

对土壤要求不严，适宜的土壤酸碱度 pH 值为 6. 8~7. 3，较耐盐碱。茄子对氮肥的要求较高，缺氮时延迟花芽分化，花数减少，在开花盛期缺氮，植株发育不良。后期对钾的需要量增加。

茄子比较耐旱、怕涝。茄子喜肥耐肥。生长期要求多次追肥方能保证结果期长，高产。

第三节　冬春茬和春茬茄子设施栽培技术

一、品种选择

选择品种选择，一方面要考虑温室冬春季生产应选择耐低温、耐弱光，抗病性强的品种；另一方面要了解销往地区的消费习惯。目前，主要以长茄和卵茄为主。

二、育苗

壮苗标准：株高 20cm，茎粗 0.6cm 以上，真叶 7~9 片，叶片肥大，叶色浓绿，开始现蕾，根系发达，无锈根，全株无病虫害。

适时播种：根据不同的栽培形式，选择适时播种。茄子幼苗生长比较缓慢，特别是温度不足条件下，一般需要 85~90 天的苗龄，因此，冬春茬大棚栽培，9 月下旬至 10 月上中旬，开始冷床育苗；温床育苗 11 月中下旬至 12 月上旬。

（一）种子消毒与浸种催芽

（1）种子消毒与浸种。栽培品种的种子消毒与浸种可用温汤浸种（50~55℃热水浸种 10~15 分钟，浸种期间不断搅拌种子，然后 20~30℃热水浸种 8~10 小时）和化学药剂处理（用 1%高锰酸钾溶液浸种 30 分钟，捞出经反复淘洗后 20~30℃热水浸种 8~10 小时；用 10%磷酸三钠 20 分钟，捞出经反复淘洗后 20~30℃热水浸种 8~10 小时）。

嫁接砧木的浸种：目前生产上应用的嫁接砧木主要有赤茄和托鲁巴姆，赤茄在 20~30℃热水浸种 24 小时，托鲁巴姆在 20~30℃热水浸种 5~7 天。

（2）催芽。茄子种子种皮具角质层并附有一层果胶物质，水分和氧气很难进入，催芽前需反复搓洗几次，以去除种皮外的黏液。催芽温度 25~30℃，催芽期间，每天翻动种子 2 次，见干时适当喷水，当芽长至 0.2~0.3cm 时可播种。

（3）播种。砧木比接穗提前播种，赤茄比接穗早播 6~8 天，托鲁巴姆比接穗早播 23~28 天。

茄子冬春及早春茬栽培苗期猝倒病较严重，在苗盘中装 8~10cm 厚床土后，先整平，打透水，然后用五代合剂拌药土，采取药土上铺下盖防猝倒病的办法（具体方法：15kg 营养土内加 70%五氯硝基苯和 80%代森锌各 4g 混合拌匀。药土 2/3 撒在 1m^2 苗床上，然后播种，播后再将剩余的 1/3 药土盖在上面）。

每平方米播种量 35~40g，幼苗破心时移植，覆土厚度 0.8~1cm。覆地膜，并加盖棉布等。总之，要求温度保持在 25~30℃。如果早春低温，可先铺好地热线。

（二）分苗

2 片子叶 1 心叶时分苗为宜，2 真叶 1 心之前完成分苗。因为茄子根系木栓化早，为保护根系，最好只进行 1 次分苗，并且最好移至营养钵内或营养坨。分苗前 2~3 天，普浇 1 遍水，以利起苗，减少伤根。分苗方法同番茄栽培。

（三）嫁接

嫁接砧木苗龄 5~6 片砧叶，接穗苗 4~5 片真叶；通常采用劈接方法。

（四）苗期环境管理

（1）温度管理。齐苗后可适当降低苗床温度，白天控制在 25℃，夜间降至 15℃，土温保持在 18℃。1 叶 1 心时，对过密的苗子可进行间苗，间苗时要去掉弱苗和病苗。如苗床有裂缝出现，可向苗床撒 0.5cm 的细湿土或粉沙。当幼苗长出 2~3 片真叶时，白天温度 20~25℃，夜间温度在 15℃，土温要保持 18℃，苗床可加大通风，炼苗，为分苗做准备。分苗后，缓苗前应适当提高白天 25~30℃，夜间 18~20℃；经 6~7 天缓苗后，要放风降温，风量由小到大，白天温度 25~28℃，夜间 15~17℃。继续降温，白天温度 25℃，夜间 10~15℃，土温不低于 15℃，定植前 1 周进行幼苗低温锻炼，应与栽培环境逐步一致。

（2）光照和灌水。温室育苗，条件允许的情况下，尽量早揭和晚盖多层保温覆盖物。经常清除透明覆盖物上的污染物；当两片子叶展开吐出心叶时，要增加光照，最好在苗床北侧悬挂反光幕。低温时期浇水总的原则是：每次浇水要充足，尽量减少浇水次数，以免温度降低。

（3）追肥。苗期可采取 1~2 次叶面喷洒 0.3%硫酸二氢钾或尿素的办法进行根外追肥。

三、定植

（一）整地施肥作畦

茄子生长期长，根系发达，必须深耕和重施基肥，保护地采用大垄双行。每亩施肥6 000~10 000kg，三元复合肥 50kg，或硫酸钾 10~15kg，过磷酸钙 15~20kg，尿素 20kg，结合深翻 25cm，平整后做成高垄。垄高 15~20cm，一般早熟品种株型矮小，垄宽 60cm，株距 33cm，每亩定植3 500株，中晚熟品种株型高大，垄宽 70~75cm，株距 40cm，每亩定植2 500~3 000株。

（二）棚室防虫消毒

在棚室通风口用 20~30 目尼龙网纱密封，阻止蚜虫迁入，地面铺银灰色地膜，或剪成 10~15cm 的膜条，挂在棚室放风口处，驱避蚜虫。定植前 3~5 天每亩棚室用硫黄粉 2~3kg，加 80%敌敌畏乳油 0.25kg，拌上锯末分堆点燃，然后密闭一昼夜，经放风无味后再定植，或定植前利用高温闷棚。

（三）定植时间、方法

当棚室内 10cm 土温稳定通过 12℃后定植，短期最低气温不低于 10℃。选寒尾暖头晴天上午栽苗，在垄上开 12cm 深的穴，穴浇水，当水渗下一半时，将带土坨的茄苗放入，深度以露出子叶为宜，水渗下后封堰。

四、定植后的管理

（一）缓苗期的管理

春冬茬和早春茬栽培，茄子定植处在低温季节，在管理上，要重点加强温度管理，以提高棚室温度，定植后的 10～15 天，可使棚室温保持在 30～35℃，以提高棚室内地温，促进茄苗发根。此期一般不通风，以利保温，如晴天中午前后，棚室温度过高，茄苗出现萎蔫时，可盖草苫遮阳。缓苗期一般不浇水。夜间棚室内温度一般要保持在 20℃，不要低于 12℃。越冬茬和秋延迟茄子的定植期，自然温度可以满足缓苗期的需要。但此时，晴天中午光照强，温度高，土壤蒸发和叶面蒸发量大，茄子易出现萎蔫，所以，定植后要注意适当浇水和晴天午间遮阳；如果无遮阳条件，可适当放风控制温度。

当新叶开始生长，新根出现，已经缓苗，要适当降温，白天控温在 25～28℃，夜间保持在 17℃，地温控制在 15℃。

（二）结果前期的管理

结果前期，应促进植株稳发壮长，搭好高产架子，提高坐果率，防止落花落果。栽培上的具体措施如下。

（1）加强棚温调控。白天保持 26～30℃，若超过 32℃ 可适当通风换气。夜间温度维持在 16～20℃，最低 12℃。如果温度持续高于 35℃ 或低于 17℃，都会引起落花或出现畸形果。

（2）整枝和肥水管理。要及时将第一侧枝下的侧枝抹去，以免消耗养分。一般早熟品种多采用三杈留枝，中晚熟品种多采用双干留枝。在肥水管理上，特别是茄瞪眼之前，应尽量不浇水，中耕保墒，防止水分过多造成徒长，导致落花。瞪眼期后要加强肥水管理，这时是营养生长和生殖生长同时进行的时期，可结合浇水，每亩施尿素 10～15kg，硫酸钾 10kg。为防止浇水引起温度低，浇水应选晴天上午进行，实行隔天浇水。

（3）提高坐果率。为防止落花落果，可使用生长调节剂，应用浓度为 30mg/L 的 2,4-D 溶液，在此范围内，气温高时浓度可低，反之，则高些，也可选防落素。

（三）结果盛期的管理

门茄采摘后，是提高茄子产量的关键时期。此期生产量大，结果数量增加，要求有合理的肥水、光照和适宜的温度。在管理上，越冬茬和早春茬，室外仍然温度很低，因此，白天棚温应保持在 25~30℃，夜间 15~20℃，昼夜温差在 10℃左右比较适宜，如白天棚温超过 32℃，应放风。进入盛果后期，棚外气温升高，为防高温危害，晴天白天可通底风，夜间棚温不低于 16℃不关顶窗，保持通风。秋延后栽培，整个盛果期，气温逐渐下降，处在低温季节，更需加强防寒保温。光照是大棚的热量的重要来源，在此期间，要注意早揭草苫，争取每天的光照时间，在棚膜覆盖的整个期间要经常擦薄膜上的灰尘，以提高透光率。加强肥水管理，每 8~9 天浇 1 次水，间隔 1 水，随水施 1 次肥，除施尿素和硫酸钾外，可以每亩施入粪尿 800~1 000kg。

整枝摘老叶，为加大通风，摘除的老叶要带出棚外，烧掉或深埋。门茄以下如有侧枝出现也要及时抹去。如栽植密度过大，枝叶过密，可适当疏除空枝和弱小植株。当四门斗茄坐住后，在茄果之上 4 片叶进行摘心，以集中营养促进果实膨大。

（四）注意病虫的防治

大棚冬春茬茄子在生长的中后期，由于气温升高，棚内温度高，湿度大，因而病虫害时有发生。主要病害有绵疫病、褐纹病等；虫害主要有蚜虫、茶黄螨、白粉虱等，要及时防治。对病害的防治首先是做好棚内温湿度的管理，特别要注意温度的控制，这些病害的发生无与棚内湿度过大有直接关系。控制棚内湿度办法，主要是做好大棚的通风排湿，特别是浇水后通风尤为重要。

（五）适时采收

茄子采收太早影响产量，过晚品质下降，还会影响后面茄果的生长发育，同样降低产量。采收最好在早晨，因为，此时果实饱满，光泽鲜艳，商品型好。

第九章　大　蒜

大蒜 又称为蒜头、大蒜头、胡蒜、独蒜、独头蒜，是蒜类植物的统称。大蒜以鳞茎（蒜头）、花茎（蒜薹）和幼株为产品，除露地栽培外，还可进行保护栽培，生产青蒜和蒜黄。

大蒜呈扁球形或短圆锥形，外面有灰白色或淡棕色膜质鳞皮，剥去鳞叶，内有6~10个蒜瓣，轮生于花茎的周围，茎基部盘状，生有多数须根。每一蒜瓣外包薄膜，剥去薄膜，即见白色、肥厚多汁的鳞片。有浓烈的蒜辣气，味辛辣。有刺激性气味，可食用或供调味，也可入药。地下鳞茎分瓣，按皮色不同分为紫皮种和白皮种。大蒜是秦汉时从西域传入中国，经人工栽培繁育，具有抗癌功效，深受大众喜食。

第一节　特征与特性

（一）特征

大蒜为弦线状根系，主要根系分布在25cm内的土层中，横展直径为30cm。在营养生长期茎为扁圆形的短缩茎，称为茎盘。茎盘的基部和边缘生根，其上部长叶和芽的原始体。其中顶芽着生于中央，并被数层叶鞘所包被。大蒜通过一定的低温和长日照条件之后，顶芽开始分化成花芽，条件适宜则形成花薹。与花芽分化的同时，内层叶鞘基部也有侧芽形成。这些侧芽膨大即形成蒜瓣。花茎在大蒜生长初期组织较嫩，鳞茎成熟后，茎盘干缩硬化。

大蒜的叶由叶片和叶鞘两部分组成。叶片扁平披针形，叶绿色或暗绿，表面有蜡粉。叶鞘呈圆筒形，在茎盘上环状着生。多层叶鞘抱合成假茎。当鳞茎成熟时，外层叶鞘基部的营养物质逐渐向鳞茎转移，因而干缩成膜状，对蒜瓣起保护作用。

大蒜花薹包括花轴和总苞两部分组成。在总苞中有花和气生鳞茎，但多数品种只抽薹不开花，或虽可开花但花器退化不能结实，偶尔有的能结出黑小的种子也发育不良。一般品种可在总苞内着生数个至几十个气生鳞茎（又称蒜珠或天蒜），其结构与蒜瓣相似，平均重量0.1~0.4g。可用以对蒜种提纯复壮。

鳞芽发生在短缩茎上。紫皮蒜的鳞芽发生在靠蒜薹周围的1~2叶腋处，每一叶腋分化出2个以上鳞芽，位于中间的为主芽，两旁的为副芽。主、副芽均可膨大成蒜瓣，故紫皮蒜多数为4~6瓣。狗芽蒜靠近蒜薹的1~6叶腋均可发生鳞芽，但以1~4叶腋为主，每一叶腋的鳞芽通常3~5个，故狗芽蒜的蒜瓣要比紫皮蒜多。

按蒜瓣在茎盘上排列的轮数，可分为2种类型：一种是在茎盘上只排列一轮蒜瓣，一般多为4~15个蒜瓣组成，如紫皮蒜；另一种是在茎盘上排列着两轮以上的蒜瓣，一般是由20~35个蒜瓣组成，如狗芽蒜。

（二）发育周期

大蒜生育周期的长短，因播期不同有很大差异。春播大蒜的生育周期较短，仅90~110天；秋播大蒜因为要经过越冬期，所以，生育周期长达220~280天。

根据大蒜生育过程所表现的特点不同，可分为6个时期。即发芽期、幼苗期、鳞芽及花芽分化期、花茎伸长期、鳞芽膨大期和休眠期。

1. 发芽期

大蒜播种以后，从开始萌芽到初生叶展开为发芽期。一般需

10~15 天。这一时期主要依靠母瓣的养分供应大蒜的生长。在栽培上要创造适宜的土壤温度和湿度条件，以利于幼根及幼芽的分化和生长。

2. 幼苗期

由初生叶展开到鳞芽和花芽开始分化为止为幼苗期。适宜于幼苗生长的温度是 14~20℃。但幼苗能耐短期的-5~-3℃低温。春播苗期约需 25 天，秋播包括越冬期故需时间较长，5~6 个月。苗期根系继续扩展，并由纵向生长转为横向生长，新叶也不断分化和生长，为鳞芽和花芽分化奠定了物质基础。到本期末新叶分化结束。这一时期，是大蒜由依靠种瓣贮藏营养向自身制造营养过渡的时期，最终完成由异养向自养的转变。在此过程中，大蒜种瓣内的营养物质逐渐消耗殆尽，蒜母逐渐干瘪成膜状物，生产上称之为退母或烂母。

大蒜幼苗期不断生根长叶，生长比较缓慢，鳞芽、花芽也处于刚刚分化阶段。在栽培上仍要创造适宜的水、肥等条件，以使幼苗健壮生长。

3. 鳞芽及花芽分化期

由鳞芽及花芽开始分化到分化结束，为鳞芽及花芽分化期，所需天数约 10 天。

这是大蒜生长发育的关键时期。首先在生长点形成花原基，同时，内层叶腋处形成侧芽，这时植株已长出 7~8 片真叶，叶面积约占总面积的 1/2，根系生长增强，营养物质的积累加速，为蒜薹和鳞芽的生长打下基础。

此期植株生长迅速，鳞芽、花芽又正在分化形成，生产上也称为分瓣期。由于这一时期蒜母消失，同时，植株需要的养分增多，会造成养分供应的暂时不平衡，出现叶片黄尖现象。黄尖时间愈长，生长愈缓慢，因此在栽培上，应根据天气情况、土壤墒情、幼苗表现等，及时地满足其对肥水的要求，以保证鳞芽与花芽的正常形成。

4. 花茎伸长期

花芽分化结束到蒜薹采收为花茎伸长期，此期约 30 天。其特点是生殖生长与营养生长并进。蒜薹在初期生长缓慢，而后生长加快，当蒜薹露出叶鞘（生产上称为露樱或甩尾）直到白苞时采薹。

在这一阶段，叶片已全部长出，叶面积达到最大值。在蒜薹迅速发育的同时，鳞茎也开始膨大，植株生长量最大。栽培上要给予充足肥水，这是保证产品器官发育的关键。

5. 鳞茎膨大期

由鳞茎开始膨大到收获为鳞茎膨大期，约需 50 天。其中，前 30 天与蒜薹伸长期重叠。鳞茎膨大期的生长特点是：采薹前鳞茎生长较为缓慢，采薹后养分大量输送到鳞茎，鳞茎开始迅速膨大。在生产上，为了使叶鞘中贮藏的养分及叶片制造的养分顺利地运转到鳞茎，应保证水肥供应。一般收获蒜薹后 20 天收获鳞茎。

6. 休眠期

鳞茎收获后，有 2 个多月的生理休眠期，生理休眠期结束后进入被迫休眠期。

第二节 栽培技术

一、播前准备

1. 精选蒜种

良种是作物高产、稳产的基础。大蒜属无性繁殖，长年种植就会导致病毒在体内积累以及其他不良性状的累加，造成大蒜种性退化，因此，要精选蒜种。

（1）异地换种。在有一定地域差异和栽培差异的地区进行换种，可提高大蒜种性。异地蒜种有一定的异地生长优势，并富含异地的矿质营养，可弥补当地营养的不足。如远的：南方和北方、山区和平原、旱区和稻区，近的：沙土地与淤土地、亲戚间、邻居间进行交换种植，都能够表现出较强的增产优势，其长势、长相、抗病性、抗逆性、产量性状均优于在当地种植的品种，增产率一般在10%以上。

（2）精选蒜种。选择具有该品种特性，肥大、颜色一致、蒜瓣数适中、无虫源、无病菌、无刀伤、无霉烂的蒜头做蒜种。

蒜种只要在播种前能剥完，愈晚剥愈好。剥种过早，蒜种易失水或受潮萌发或损伤，影响其生活力。剥种时，首先进行种瓣选择，剔除茎盘发黄、顶芽受伤、带有病斑、发霉的蒜瓣及过小蒜瓣，选用蒜瓣肥大、色泽洁白、基部突起的蒜瓣，单瓣重在5~7g为宜。

2. 深耕细作

大蒜田普遍以旋耕代深耕的现象较为普遍，旋耕地块大都存在着：耕层浅，犁底层坚硬，土壤板结，保肥、保水、保温性能差，致使大蒜根系发育弱，抗病、抗寒、抗旱能力差。

深耕不仅能够加厚土壤耕作层，扩展根系的生长空间，改善土壤结构，协调土壤蓄水、保水、保肥、保温和透气的矛盾，而且有利于土壤微生物的活动，有利于根系下扎和鳞茎的膨大，并使土壤释放出更多的矿质元素，满足作物的需求。同时，深耕还可以掩埋病菌和杂草种子，起到减轻病害、抑制杂草的效果。

科学的耕作技术是旋耕（或深松）与深耕相结合，旋耕2~3年深耕1次，以保持熟土在上、生土在下，保证当年增产。耕翻深度一般为20~25cm。

整地质量的好坏直接关系到覆膜质量和保苗效果。如果整地质量差，土块大，地面不平，地膜盖不严，地膜下面有很多大空隙，则杂草滋生，难以清除，而且影响地膜的保温、保湿效果，造成出苗不齐。

整地要求：耕翻后，适当晒垡，然后耙地，做到耙透、耙平、耙实，消灭明暗坷垃，达到上松下实。根据不同的种植方式做畦，整平待播。

3. 科学施肥

针对大蒜种植区连作时间长、重茬病严重、土壤板结、地力下降的实际情况，应增施有机肥、稳施氮肥、控施磷肥、巧施钾肥、补施中微肥，大力推广测土配方施肥技术，扩大生物肥料、控释缓释肥料等新型肥料的施用面积，努力提高化肥利用率。

（1）增施有机肥。

增施有机肥不仅可提高土壤有机质含量，改善土壤团粒结构，增强土壤通透性，提高土壤保水、保肥和供肥能力，而且能够增强大蒜根系活动能力，增大吸收空间，提高大蒜的抗逆性。一般亩施腐熟畜禽粪便2 000~3 000kg或饼肥100~200kg或精制有机肥160~200kg。

生物有机肥，可增加土壤有益微生物，调节大蒜根际微生物生态环境，使微生物、土壤和大蒜根系的相互作用处于最佳状态。通过有益微生物竞争营养和空间、拮抗作用等途径来减少病原菌的数量，从而减轻重茬病害的发生。重茬病严重地块一般亩施生物有机肥160~200kg（可替代有机肥）。

（2）优化氮磷钾比例。根据大蒜的需肥特点，秋种大蒜基肥的氮磷钾施用数量为：其一，轻壤土地块，亩施纯N 22kg、P_2O_5 12kg、K_2O 20kg。其二，中壤土地块，亩施纯N 21kg、P_2O_5 13kg、K_2O 18kg。其三，重壤土地块，亩施纯N 20kg、P_2O_5 14kg、K_2O 16kg。重茬病严重地块可适当减少施用量。

（3）补施中微肥。中微量元素供应不足，作物则呈现缺素症，不仅造成作物减产，而且会加重病虫害的发生。在缺乏中微量元素的土壤有针对性地补施中微量元素是十分必要的，但中微量元素的施用要掌握适量。在合理施用有机肥、氮磷钾的基础上，大蒜一般亩施中微量元素肥 25kg 即可。

4. 土壤处理

（1）防治地下害虫。可亩用 40%辛硫磷 500mL 加 1.8%阿维菌素 100~150mL 对水 2kg，拌细土 50kg 撒施垡头或顺播种沟撒施，对根蛆、根螨均有很好的防治效果，严禁使用高毒、高残留农药及其复配制剂。

（2）防治土传病害。可亩用 77%多宁粉剂 1kg 或 50%多菌灵粉剂 2kg 拌细土 50kg 撒施播种沟，预防大蒜根茎部病害。

二、播种

1. 种子处理

（1）晒种。播前晒种 2~3 天，可打破种子休眠，增强发芽势，促进大蒜出苗齐、匀、壮。

（2）药剂拌种。可用 77%多宁粉剂按种子量的 0.2%~0.3%对水 3~4kg，喷拌均匀，堆闷 6 小时后播种。也可用 2.5%适乐时 100g，对水 2.5kg，拌种 150kg 左右，晾干后播种。可有效防治大蒜菌核病、红根腐病、干腐病、疫霉根腐病、细菌性软腐病。

2. 播种时间

大蒜播种期是否适当，对蒜薹、蒜头的产量和质量都有很大影响。播种过早，温度高，冬前营养体大，烂母提前，可能招致蛆害；生育进程提前，还可能造成二次生长。播种过晚，温度低，出苗慢，冬前苗弱小，干物质积累少，抗寒力下降，越冬期间死苗多。适宜的播期因地区、品种、栽培方式及栽培目的而异，确定适宜播期的基本原则有 2 条：一是满足种瓣萌发所需的适宜温度（16~20℃）；二是越冬期具有 6~8 片展叶，可以安全越冬。

山东鲁西南地区大蒜适宜播期为 10 月 1—15 日，最佳播期为 10 月 5—10 日。晚熟品种、小蒜瓣、肥力差的地块可适当早播，早熟品种、大蒜瓣、肥沃的土壤可适当晚播。

3. 播种方法

“深栽葱子浅栽蒜”是农民多年实践得出的经验，大蒜播种一般适宜深度（蒜瓣顶部距地表）为 1~2cm。大蒜的播种方法因做畦方式的不同而分为平畦播种法和高畦播种法。

（1）平畦播种法。先做成宽 2m 或 4m 的平畦，然后开沟，沟深 5~6cm，并按用种量撒放种子，最后播种、覆土。

（2）高畦播种法。先做成畦宽 0.6m（套种生姜）或 0.8m（套种茄子）、沟宽 0.2~0.25m、沟深 0.2m 的高畦，然后开沟、播种、覆土。

无论采用哪种播种方法，为了达到苗齐、苗壮，均应掌握以下几点：第一，播种沟深浅一致，蒜瓣大小一致，覆土厚薄一致。沟的深度要根据蒜瓣大小作适当调整，大蒜瓣可稍深些，小蒜瓣稍浅些，原则是蒜瓣顶部距土面的距离（覆土厚度）平畦为 1~2cm。覆土过浅，灌水时易将种瓣冲出土面，造成缺苗，且易“跳蒜”，越冬期遭受冻害；覆土过深，出苗慢，且不利于鳞茎膨大。第二，播种沟底部的土壤要疏松，播种时将种瓣轻轻按入松土中，不可用力往硬土中按，以免损伤蒜瓣茎盘的发根部位，造成缺苗。第三，播种时要将蒜瓣的腹背连线与播种行的方向平行，以减少叶片间的重叠，提高光合利用率。

4. 种植密度

合理密植是充分利用土地、空间、阳光，达到优质高产的关键措施。密度不但影响蒜薹和蒜头的产量，而且对质量也有影响。密度太高时，蒜头变小，单位面积产量有可能提高，但蒜薹和蒜头质量下降。密度太低时，蒜薹和蒜头增大，但由于单位面积的株数减少，产量随之下降，并易发生二次生长。

山东大蒜主产区适宜种植密度为：22 000~26 000株/亩。重茬病严重地块、早熟品种、小蒜瓣、沙壤土可适当密植，晚熟品种、大蒜瓣、重壤土可适当稀植。

5. 合理浇灌出苗水

播种后，要适时灌水，并灌足灌透。灌水过早，出苗不齐，且易烧苗；灌水过晚，蒜苗出土快，影响覆膜。灌水的适宜时间是播种后2~5天（如果播种与耕作间隔时间长，可缩短这次灌水与播种的间隔时间），这时灌水能够苗齐苗壮，且易于放苗、不烧苗。

6. 化学除草

根据地块间不同的草相，不同的杂草密度，选用不同除草剂配方。按照化学除草技术操作规范，合理使用，禁止超量使用。一般每亩喷施33%二甲戊灵乳油200~250mL或44%戊氧乙草胺乳油150~200mL/亩或33%二甲戊灵乳油150mL加24%乙氧氟草醚30~40mL。

具体使用方法是：按每亩的用药量对水30~50kg，于灌水2~3天后干湿适中时将药液均匀地喷在地面上。喷药时要倒退操作，防止脚踏地面破坏土表药膜，影响除草效果。喷除草剂后应立即盖膜，以保持地面湿润，提高除草效果。

7. 地膜覆盖

选择厚度为0.005~0.006mm，宽度为200~400cm规格的地膜。覆膜时，必须将地膜拉紧、拉平，使其紧贴畦面，膜下无空隙，膜的两侧要压紧。这样，大蒜幼芽易顶破地膜，且膜不易被风鼓起，起到保温、保水、保肥、抑制杂草的作用。

三、田间管理

（一）冬前管理

1. 放苗

播种后灌水5天左右，蒜苗出土1/5~1/3时，就要进行放苗。可在清早用浸水的麻袋拉或用扫帚拍，连拉（或拍）2~3天。最后实在不能出苗的，要用铁钩人工放苗。

2. 浇越冬水

根据墒情和天气，一般年份要适时浇好越冬水。越冬水有利于沉实土壤，平移地温，确保蒜苗安全越冬，并为早春大蒜返青提供良好的水分供应，弥补早春地温低不能浇水的不足。正常年份，一般在12月上中旬（掌握在强寒流侵袭前）浇越冬水；对基施肥料不够的地块，结合浇越冬水可适量补肥。沙壤土较耐旱，也可不浇越冬水；重壤土不耐旱，应尽量浇越冬水。

（二）春后管理

1. 清除杂草，净化、修补地膜

早春，杂草不但争夺营养、水分和阳光，甚至能拱破地膜，影响大蒜生长，应及早除去；对膜上杂物要及早清除，净化膜面；对损坏的地膜要及时修补，确保地膜的保温、保湿效果，促进大蒜早返青。

2. 追施叶面肥

3月由于地温低不能浇水，应及时追施叶面肥，以补充营养，促进大蒜生长。可选用死落复或旱地龙叶面肥或0.5%的尿素稀释液或0.3%的磷酸二氢钾稀释液进行叶面喷施，5~7天喷1次，连喷3~4次。对苗情弱、冻害重的地块可选用植物动力2003或赤霉素溶液进行喷施。

另外，2月底3月初，如遇大雨或大雪，可在雨或雪前撒施尿素5~10kg/亩。

3. 加强肥水管理

鲁西南大蒜主产区重茬病较重的地块，应适当推迟浇水时间，且浇水量宜小，少施氮肥（禁冲尿素），多施可溶性有机肥。通过合理运筹肥水，达到减轻大蒜重茬病害、提高化肥利用率、增加大蒜生产效益的目的。

一般地块可视苗情、墒情和天气情况，合理确定浇水时间和施肥量。

（1）4 月 5—10 日，地温稳定在 13～15℃时，浇第一水，即“壮苗水”，并随水冲施“壮苗肥”。此时地温尚低，要浇小水。一般亩冲施纯 N 6kg、K_2O 4kg，或可溶性腐殖酸或氨基酸或海藻酸肥料 15kg，并配施少量微肥。

（2）4 月 20 日前后，浇第二水，即“催苔水”，并随水冲施“催苔肥”。此时地温已高，大蒜正值旺盛生长期，浇水量可大些。一般亩冲施纯 N 4kg、K_2O 6kg，或可溶性腐殖酸或氨基酸或海藻酸肥料 20kg。

（3）5 月上旬，拔完蒜薹后，浇第三水，即“催头水”，多数地块可不施“催头肥”，只进行叶面追肥。此时正值蒜头膨大期，需要充足的水分和不太高的地温，故要浇大水，浇足浇透。重茬病严重地块可推迟浇水 5～7 天，并适当减少化肥冲施量、增加可溶性有机肥冲施量。

4. 综合防治病虫害

为确保大蒜正常生长，应坚持“预防为主，综合防治”的植保方针，大力推广绿色防控技术，降低农药残留，达到优质、高产、高效、符合出口农产品需要的目的。主要抓好如下几方面。

（1）农业防控。采取清洁田园、科学施肥灌水、加强中耕管理等农业技术措施，创造有利于大蒜生长，不利于病虫发生为害的生态环境条件，增强植株的抗病虫性，减轻为害。

（2）物理防控。一是利用频振式杀虫灯诱杀夜蛾类害虫成虫，每盏频振式杀虫灯可控制面积可达 30～50 亩；二是利用害虫的趋色习性来诱杀害虫，如用黄色粘胶板诱杀有翅蚜、斑潜蝇等害虫，利用蓝色粘胶板诱杀蓟马，每亩挂 20～30 块（20㎝×24㎝）粘胶板，就可有效控制虫害的发生。

（3）药剂防控。

①在 3 月底 4 月初，喷施叶面肥时可加入 50%灭蝇胺可湿性粉剂1 000倍液或 5%高效氯氰菊酯乳油 800 倍液，防治种蝇、韭蝇；加入 50%异菌脲可湿性粉剂 800 倍液或 70%甲基托布津可湿性粉剂 600 倍液，预防大蒜病害的发生。

②防治叶枯病，发病初期选用 10%苯醚甲环唑（世高）WG 4 000~5 000倍液或 75%百菌清 WP 500~600 倍液或 25%丙环唑 EC 2 500~3 000倍液等进行喷雾防治，每隔 7~10 天喷 1 次，连续防治 3~4 次。

③防治细菌性软腐病，可选用 50%中生菌素可湿性粉剂 1 500倍液或 88%枯必治可湿性粉剂1 500倍液或 47%甲瑞农可湿性粉剂 600 倍液交替使用，5~7 天喷 1 次，连喷 3~4 次。

④防治疫霉根腐病，可选用 60%百泰可分散粒剂 600 倍液或 77%多宁可湿性粉剂 600 倍液交替使用，5~7 天喷 1 次，连喷 3~4 次。

⑤防治蒜蛆、根螨，可结合浇水每亩冲施 40%辛硫磷乳油 500mL+1.8%阿维菌素乳油 50mL 或 40%毒，辛乳油 500mL 或 40%毒死蜱乳油 500mL。

四、收获

1. 蒜薹收获

蒜薹收获过早，产量低，影响收益；收获过晚，虽然产量高，但是蒜薹的木质化程度高，质量差，影响蒜薹的商品性，因此，适时收获蒜薹非常重要。具体收获时期应掌握在蒜薹抽出后发一个弯，颜色保持深绿，一般时间在 5 月初，此时产量高、品质好。

在拔蒜薹时，最好徒手拔出，尽量不要用铁钉、利刀子进行拔薹。如果用铁钉、利刀子进行拔薹，将会使大蒜受到机械损伤，蒜叶、叶柄受到破坏，影响光合作用，蒜头产量降低。采收蒜薹的时间最好在晴天中午和午后进行，此时植株有些萎蔫，叶鞘与蒜薹容易分离，并且叶片有韧性，不易折断，可减少伤叶。若在雨天或雨后采收蒜薹，植株已充分吸水，蒜薹和叶片韧性差，极易折断。

2. 蒜头收获

大蒜收获的早晚直接影响着蒜头的产量、品级、储藏、加工和运输，收获过早，蒜头产量低，蒜瓣含水量大，对储藏不利；收获过晚，蒜头产量高，但蒜皮薄、易散瓣，影响商品性。过早和过晚都不宜采取，应适期收获。大蒜的收获应根据大蒜的生长成熟度来决定，适期收获的依据是：大蒜植株的基部叶片大都干枯，上部叶片逐渐呈现枯黄，顶部叶片 3~4 片保持绿色；观察蒜头，蒜瓣背部已凸起，瓣与瓣之间沟纹明显，时间一般在拔完蒜薹后 15~20 天。病重、早衰、二次生长严重的地块应适当早收；生长良好、绿叶较多的地块可适当晚收。

收获的大蒜要严防烈日曝晒，以防蒜头糖化，并做到防雨防潮，及时晾晒，以防发生霉变。

第十章　山　药

“山药山药，山中之药”。山药在以前主要是药用，这几年才主要以食用为主。食用也多是为药用来的。人们吃山药，都是认为它能治病，可滋补，当然也可以充饥。山药发展到今天，已成为重要的国际性药、食兼用作物和珍稀蔬菜。

山药是中华人民共和国卫生部批准的73种药食同源植物中的主要物种，也是最典型的药食同源植物。它营养丰富，含有皂甙、黏液质、淀粉酶、胆碱、尿囊素、淀粉、糖蛋白、氨基酸、多酚氧化酶、维生素C、钙、磷、铁、甘露聚糖、植酸等20多种营养素。这些营养素具有诱导产生干扰素、增强人体细胞免疫功能的作用。常食用山药能健身强体，延缓衰老。山药的药用价值很高，历代医学家曾盛赞它为“理虚之要药”“滋补药中的上品”，民间还把山药称为“大棒人参”。据考证，早在两千多年前的东汉名医张仲景就用山药入药。《神农本草经》谓山药“味甘、温，主健中补虚，除寒热邪气，补中益气力，长肌肉，久服耳目聪明”。《日华子本草》说山药“助五脏，强筋骨，长志安神，主泄精健忘”。《本草纲目》认为，山药能“益肾气，健脾胃，止泄痢，化痰涎，润皮毛”。《新修本草》说：“薯蓣日干捣细，食之大美，久服轻身，不饥延年。”

总之，山药可食可药，药用价值很高，不但可临床应用治疗200余种疾病，而且也是一种很有发展前途、非常理想的保健食物。

第一节 山药优良品种介绍

根据科学研究和栽培实践，在我国适用常规技术栽培的山药，主要有以下20个品种可供选择。

一、河南怀山药

河南怀山药，原为河南地方品种。在河南省温县、博爱、沁阳、武陟和陕西省华县等地种植较多。该品种植株生长势强，茎蔓右旋，紫色，圆形，长2.5~3.2m，多分枝。叶片比普通山药小一半以上，绿色，基部戟形，缺刻小，先端尖，叶脉7条，基部4条，有分枝。叶片互生，中上部对生，叶腋间着生零余子。块茎圆柱形，栽子粗短，一般长10~17cm，表皮浅褐色，密生须根，肉白，质紧，粉足，久煮不散，并有中药味。最长的可达80~100cm，直径3cm以上。单株块茎重0.5~1.0kg，重者1.5~2.0kg，适宜做山药干用。每亩平方米可产鲜山药1 500~2 500 kg。挖沟栽培的适宜密度为每亩4 000~4 500株。

二、太谷山药

太谷山药，原为山西省太谷县地方品种，以后引种到河南、山东等省。该品种植株生长势中等，茎蔓绿色，长3~4m，圆形，有分枝。叶片绿色，基部戟形，缺刻中等，先端尖锐。叶脉7条，叶片互生，中上部对生。雄株叶片缺刻较大，前端稍长；雌株叶片缺刻较小。叶腋间着生零余子，形体小，产量低，直径1cm左右，椭圆形。块茎圆柱形，不整齐，较细，长50~60cm，直径3~4cm，畸形较多，表皮黄褐色、较厚，密生须根、色深。栽子细而短，肉极白，肉质细腻，纤维较多，黏液多，有甜药味，烘烤后有枣香味，易熟，熟后性绵。品种优良，食、药兼用，以药为主，是太谷中药的主要原料。加工损耗率较高，质脆易断。每亩可产1 500~2 000kg。

三、梧桐山药

梧桐山药，原为山西省孝义市梧桐乡地方品种，后来传入河南、山东等省地。该品种植株生长势强，茎蔓右旋，多分枝，紫绿色，蔓长3.0~3.5m。叶片绿色，较小，基部心脏形，缺刻大，先端长而尖。叶柄较长，叶脉7条，基部有2条分枝，叶片互生，中上部叶对生，间有轮生。块茎圆柱形，表皮褐色，栽子细而短（8~13cm）。块茎长50~80cm，直径4~6cm，瘤大而密、黑色，须粗而长，较坚韧，不易拔掉。零余子多，较大，长1.5~2.0cm，直径0.8~1.5cm，带甜味。肉极白，质脆，易熟，黏质多，黏丝不易拉断，带甜药味，食、药兼用，品质优良。适宜在沙壤中种植，黏壤土也可种植。每亩可产2 000kg。

四、嘉祥细毛长山药

嘉祥细毛长山药，原为山东省济宁地区的地方品种，当地称为明豆子。该品种茎蔓紫绿色，蔓长3.5~4.5m；叶片卵圆形，先端三角形，尖锐，绿色。叶腋间着生零余子，深褐色，椭圆形，长1.5~2.5cm，直径0.8~1.2cm。亩产零余子250kg。花为淡黄色。块茎棍棒状，长80~110cm，直径3~5cm，单株块茎重1kg，黄褐色，有一至数块红褐色斑痣。毛根细，外皮薄，肉质细而面，甜味适中，菜、药兼用。亩产山药1 500~2 500kg。挖沟栽培的适宜密度为每亩3 500~4 000株，沟距100cm，宽20~25cm，深80~120cm，株距15~18cm。

五、水山药

水山药，原为江苏省沛县、丰县、山东省单县地方品种，又名花籽山药，或称杂交山药，是由当地农民于1965年从毛山药中1株不结零余子的变异株选育而成。水山药含水量在86%，品质脆而略有甜味，虽然品质一般，但是做菜的好材料，所以又称“菜山药”。该品种植株生长势强，蔓长3~4m，圆形，紫色中带绿色条纹。水山药为穗状花序，花小，黄色，单花，花被6个。蒴果三棱状，不结种子。块茎圆柱形，栽子细而短，10~15cm长。表皮黄褐色，瘤稀，须根少且短。肉白色，稍带玉青色，光鲜质脆，黏液汁多，块茎直径为3~7cm，长140~150cm，最长可达170cm；单株块茎重1.5~2.0kg，最重者可达6.8kg，每亩可产块茎3 000kg，丰产田可超过5 000kg。挖沟栽培的适宜密度为每亩3 000株。水山药栽培选用块茎近茎端长20~25cm的一节切下，是比较可靠的。将其切口蘸生石灰后晒1天，即进行贮藏，第二年清明前15天栽植。

六、细毛长山药

细毛长山药又名鹅脖子。在江苏省北部、河北省南部和山东省西南部种植较多。该品种植株生长势强，蔓长3m以上，紫绿色，分枝多，叶腋间生零余子。叶大而厚，深绿色，基部戟状，缺刻小，先端钝。叶柄长，叶脉7条，基部2条叶脉各有1个分枝。基生叶互生，分枝上的叶片多对生。穗状花序。块茎圆柱形，栽子细而长（可达25~30cm），表皮褐色，瘤多，须根多而长。肉白色，质地紧实，黏质少。块茎长100~140cm，直径3~4cm。单株块茎重1kg，亩产2 000~2 500kg。挖沟栽培时适宜密度为每亩平方米3 000~4 000株。

七、陈集山药

山东省定陶区陈集山药有着悠久的栽培历史和独特的山药文化，山药种植已有2 400余年历史。陈集山药主要有西施种子、鸡皮糙2个品质优良品种。鸡皮糙山药为菏泽市的农家山药品种，以肉色洁白，味甘粉足。鸡皮糙山药地上茎蔓为紫绿色，蔓生，长度400 cm左右，叶片卵圆形，先端三角形，缺刻大，粗细均匀，细且长，通常直径1～3cm，毛须略稀，表皮颜色微深且有暗红色“锈斑”，粉性足，质腻，折断后横断面呈白色或略显牙黄色，体质十分坚重，入水久煮不散；由于含大量氨基酸，液汁较浓，味道鲜美，口感“干、面、甜、香”。西施种子山药地上茎蔓常带紫色，块茎圆柱形，叶子对生，卵形或椭圆形，花乳白色，雌雄异株。它品质优良，药用保健价值很高。口感极佳，集面、甜、香、绵、爽于一体。它的繁殖特点是：不结豆，无性营养体繁殖，所以，种植面积一直难以扩大。

第二节　特征与特性

1. 特征

山药茎为草质蔓性，细长右旋，长可达3m以上。块茎圆柱体、掌状、或团块状。薯皮褐色，表面密生须根，肉色洁白。长柱形山药的块茎具有明显的垂直向地性，上端较细，先端有一隐芽和茎的痕迹，可做种子繁殖，俗称“山药栽子”。块茎供作食用。有些品种可以将块茎切成小段栽植，称“山药段子”。叶为单叶互生，至中部以上对生，极少轮生。叶卵形而先端三角形尖锐，有长叶柄。叶腋处发生侧枝，或形成气生块茎，称“零余子”，可用来繁殖和食用。雌雄异株，花序穗状，2～4对，腋生。花小，白色或黄色，蒴果，具3翅，翅半月形。

2. 特性

山药茎叶喜高温干燥，怕霜冻。生长最适温度为25～28℃。块茎极耐寒，在土壤封冻的条件下，也能越冬。块茎的生长适温为20～24℃，20℃以下生长缓慢。

山药能耐阴，但块茎积累养分需要强光。种植时，以排水良好的肥沃沙壤土最适宜，这样形成的块茎光滑、形正、根痕小。黏土易使块茎扁头或分杈，且须根多、根痕大。

山药喜有机肥，但粪肥必须充分腐熟并于土壤掺匀，否则，块茎先端的柔嫩组织一旦触及生粪或粪团，会引起分杈，甚至因脱水而发生坏死。生长前期宜供给速效氮肥，以利茎叶生长；生长中后期，除适当供给氮肥以保持茎叶不衰外，还需磷钾肥，以利块茎膨大。

山药发芽期，需土壤有足够的底墒，以利发芽和扎根。出苗后，块茎生长前期需水分不多，块茎生长盛期不能缺水。

第三节　山药的栽培技术

一、种薯制备

栽培山药需事先制备种薯，种薯的质量好坏直接影响山药块茎的产量和品质。常规的种薯制备方法有 3 种：第一种是使用山药栽子；第二种是使用山药段子；第三种是使用山药零余子。

（一）使用山药栽子制备种薯

山药栽子，也称山药嘴子。在山西省、河南省产区又称芦头、龙头，或山药尾子，也有称凤尾或尾栽子、种栽、毛栽子的。因为它是山药块茎上最细长的部分，向前看是龙头，朝后看又似凤尾。山药栽子是山药块茎上端有芽的一节，在收获山药时获取。要求作为山药栽子的块茎颈短、粗壮、无分枝和病虫害。山药栽子一般长 17~20cm，太短了影响产量。

一个完整的山药栽子，应该包括三部分。最上面一个突起的小瘤，就是山药嘴，也称山药嘴子。这个部位地方不大，却连接四方，看上去并不起眼，作用却非同小可。山药嘴既是山药植株地上部茎叶和地下部块茎的联结部分以及养分与水分运输的必经之处，也是种薯向山药植株提供营养的通道，这里还有最具活力的隐芽。山药一生仅有的 10 条左右的吸收根，也是从这里出发伸向四方的。这个 $1cm^3$ 甚至不到 $1cm^3$ 的地方，用放大镜看，正上方是地上部茎蔓在秋冬枯萎后断离留下的主茎遗痕，约 $4mm^2$ 大小。主茎遗痕的一侧，就是隐芽的部位，稍具营养，略微突出，来年春暖后萌发成苗。同时，还有零余子或是山药栽子等种薯留下的斑痕。结果就形成了较为膨大而又粗糙的山药嘴，七扭八歪，斑痕累累。山药嘴是山药栽子的重要部位，在山药收获、运输和贮存过程中，都应重点保护，不得伤害。山药栽子年龄愈大，嘴部斑痕也愈盛。

山药嘴的下边一节细长的部分，称二勒。也叫栽子颈部或颈脖子、细脖子、长脖子等。约占山药栽子长度的 1/2，一般长度为 10~15cm。二勒部分愈细长，下面较粗的块茎部分愈需要留得长一些，长度应较二勒部分略长。二勒下边这一段较粗的部分，一般称底肚，也就是山药栽子的基部，长度为 10~17cm，是山药栽子养分最多的部位。

怎样制作山药栽子呢？首先是掰栽子，掰栽子一般与山药的收获同时进行。10 月下旬，山药地上部茎叶萎黄时开始挖掘山药。山药挖起时选择脖颈短粗、芽头饱满、健壮无病、无虫、无分杈、色泽正常的山药块茎，将栽子掰下，长度各地不一，一般是长 15~21cm。太短了影响产量和品质。多数人是在收获时将其用手掰下，故名掰栽子。也可用刀把它切下，就叫切栽子。要注意消毒卫生，最好在切取的当时，用草木灰或生石灰沾住切面，以防病菌感染。

栽子掰下后，晾晒 4~5 天，下面铺上高粱秸笆，不可放在土地上，为的是让栽子表面的水分蒸发，加快断面伤口愈合。在北方大部分地区都是这样晒干的。南方一些地方则是在截取栽子后，放在室内通风处晾一周左右，栽子稍干燥后妥为贮藏。

山药栽子截取后，存放到来年种植。按 4 月下旬播种时算起，其间相隔 6 个月。在这半年时间内，必须对山药栽子妥为保存，避免腐烂变质，影响来年的山药栽培。在山西、河北等地多用沙贮存。贮存时，一般在室内铺一层河沙，最好铺得厚一些，约 15cm，在沙上铺一层栽子。然后铺一层沙子，放一层栽子，如此反复，直至 80~90cm 高为止。最后，在顶上盖一层稻草，即可过冬。有地窖的家庭可以将山药栽子存入窖。在南方，可将其放在干燥的屋角保存。但均需一层栽子一层较为潮湿的河沙交替存放 2~3 层，并在最上部盖上草苫等物，以防冻保湿。同时，应注意使温度保持在 0℃ 以上。在贮藏过程中，还要经常检查。如发现河沙过干或过湿，均应及时调整。山西省一些地方只用干沙，不用湿沙，以防腐烂。

第二年春暖终霜后，开始栽种。最简单的办法，是先将栽子拿出去晒太阳催芽，待全部萌动后即可栽种。栽种时，行距为 1m，株距为 20cm，沟深为 6~7cm，将种薯朝着同一方向，摆在沟底，覆土后在外表上再盖一层厩肥，然后浇水。也可在摆栽子前在沟中先烧小水，水渗后将栽子按规定距离压入土中。栽子种毕，在沟两边用锄开 2 条深 10cm 的沟，施上肥料，然后覆土。

在一般情况下，山药栽子的截取与山药收获同时进行。秋冬收的山药，其栽子在秋冬切；春季收的山药，栽子在春季截，从冬前到暖春，随收随掰，但切记要在收刨时防冻。

对于不同重量、不同生长年限以及不同类型的山药栽子，综合考虑其对于山药产量和品质的影响，可以将其分为 4 个等级。

一级山药栽子：重量为 100~120g，年限为 2~4 年生，类型为虎脖芦头，顶芽健全，表面光滑，无病斑虫眼。

二级山药栽子：重量为 100~120g，年限为 2~4 年生，类型为鹰嘴芦头，顶芽健全，表面光滑，无病斑虫眼。

三级山药栽子：重量为40~50g，年限为2~4年生，类型为虎脖芦头和鹰嘴芦头，顶芽健全，无病斑虫眼。

四级山药栽子：使用5年以上的山药栽子。

在山药栽子的4个等级中，水山药的栽子可稍大一些，特产药山药的栽子可适当小一些。

（二）使用山药段子制备种薯

山药栽子才有顶芽，也称定芽，而山药段子只有侧芽。水山药适宜用山药段子繁殖播种，据一些栽培者反映，绵山药只要土层深一些，段子大一些，肥料适当，病害轻一些，用山药段子播种繁殖，其表现也是相当不错的。只要栽培措施跟得上，就能在很大程度上减少用山药段子播种所带来的不利影响。

山药段子都是在春季播种前1个月左右准备好。所谓山药段子，就是山药块茎按8~10cm的长度切成的小段。小段也可以长一点。每块段子重30~40g，也可以再重一点。分切时，应注意保留每块段子上的皮层，以免损伤不定芽，导致将来不能萌芽。山药段子不宜切得太小。切小了，不但容易腐烂，不出苗，而且即使出了苗，所形成的块茎也形体偏小，产量很低。但也不能切得太大。切得太大了，不仅增加种薯的用量，也会使山药生长前期枝叶过于繁茂，影响后期结薯，降低商品质量。

用山药段子作种薯催芽后定植，是比较先进的栽培方法，不但能够提高出苗率和出苗质量，而且由于催芽是在早春室内温床或暖炕上进行的，因此能够缩短山药块茎在田间的生长周期，增加块茎最终产量。山药种薯的催芽，应选择地势高燥、背风向阳、无病虫害的地方进行。一般当薯块上有白色芽点出现时（长度不超过1cm），即可定植。

（三）使用零余子制备种薯

零余子（山药豆），就是山药蔓的腋芽肥大而形成的珠芽，常呈不规则的圆形或肾脏形，小者如玉米粒，大者似拇指。秋末成熟后摘收，除可食用外，也是栽培的良种。尤其是当山药栽子连续种植 3~4 年后，逐渐发生退化，产量和品质均明显下降，不宜再作繁殖材料，这时候就必须采用零余子进行更新复壮。

可以说山药最初的种薯来自零余子，零余子是山药特殊的种子。第一年秋季，在收得零余子后，选择大型的健康的零余子沙藏过冬。第二年开春后，在霜冻结束前半个月播种。当年秋季，收取小块茎供来年作种用。作种的块茎就是一般称呼的“三年大栽子”。因为带有顶芽，又不切段，当然是栽子，不能说是段子。这就是新栽子，是用来更换老栽子用的。每隔 3~4 年就得更换一次，以便复壮更新，防止品种退化。这一措施对于山药的高产优质栽培非常重要。

在每年 8—9 月零余子成熟后，选择外形端正，粒大粗壮，毛孔稀疏，有光泽的零余子做种用。选采要在晴天进行。应仔细剔除退化的长形种豆，特别要除去毛孔外凸者。然后用桶或箱等容器，将零余子和细沙混合贮存。对于零余子的皮色，一般应选赤褐色的。肉色则应选洁白的。至于形状，因为零余子多为不规则的圆块状、四棱形、肾脏形、三角状等，以饱满一些为好。稍有萎缩就应剔除。擦破皮的，有病斑的和被虫食过的，也不能选用。在贮存期间，应注意保持一定的温度和湿度。大量贮藏时，最好在不加温的房间、门道和过道，环境温度一般不要低于 0℃。温度太低时，四周要围好草席，上面也要盖上秸草或其他的草。但是，有经验者多是将它和细沙一起混合贮存。这样，较易保持一定的温度和湿度，也很少出现烂种。

零余子打落收获后，必须经过 5~6 个月的休眠，才能成熟，具有生根发芽的能力。这是为什么呢？因为零余子中含有山药素。山药素这种物质只有在零余子的皮中才有。它可以抑制生长，促进休眠。刚刚采收的零余子，体内山药素含量最多，必须经过一个漫长的层积期或贮存期，完全休眠的零余子才能逐渐减少山药素的含量，达到完全成熟的程度，萌发新的植株。也曾有人试验，人为地打破零余子的休眠期，希望在年内产生植株，以缩短用零余子繁育山药的年限，但很难突破。

零余子育苗的面积依大田需要决定，一般情况下可采用 1：6 或 1：8 的比例，也有人采用 1：10 的比例。具体面积的确定，可视零余子质量与育苗条件灵活掌握。在同样情况下，长山药育苗面积可大一些，扁山药的育苗面积可适当小一些。例如，长山药的育苗面积是 $25m^2$，而作为扁山药来说，有 $15m^2$ 的育苗面积就够了。

二、适时定植

山药的定植期，因各地气候条件不同而有差异。一般要求地表地温（距土面 5cm 以内）稳定在 9～10℃后即可定植。春暖较早的地区，如闽南及两广可在 3 月定植，四川一般在 3 月下旬至 4 月份定植，鲁西南地区一般在 4 月上、中旬定植，华北大部分地区在 4 月中、下旬定植，东北地区一般在 5 月上旬定植。各地普遍认为，只要地表不冻，定植越早越好，早定植可使山药根系发达，生长健壮，块茎产量增加。

传统的山药定植方法，是用锄头沿深沟的标记开浅沟，浅沟位于山药垄（畦）的中央，深 8～10cm，将种薯纵向平放在沟中，以芽嘴为准均匀铺开，间隔 25cm 左右。如果是熟土，可适当再缩小间隔，最小间隔可为 15cm。然后，覆土填平，轻踩，这样便于生根发芽。在定植前，一定要保证土壤底墒充足，定植后不再浇水，以促进山药幼苗的根系下扎。

根据吉林省的栽培经验，从种薯催芽至幼芽长至 3～5cm，可于晴天将装有种薯的育苗箱搬出室外炼苗 5～7 天。当室外气温达 8～10℃，幼苗呈深紫绿色时，再进行定植。在山东鲁西南地区，种植前栽子晒 7～10 天，根段晒 15～20 天。种植前要催芽，当芽生长至 1~1.5cm 长时栽种。经过抗寒锻炼的山药幼苗，定植后缓苗快，成活率高，遇到一般轻霜冻不致影响生长。采用这种方法定植时，幼苗可部分露出土面，不必全部埋住。如果提早定植，则扣上地膜为好，产量可以提高 10%~30%。扣地膜时，要注意给山药苗预留空间位置。

在我国南方江苏、广东等省种植山药前，还要在山药地周围深挖围沟，深 1m 左右，宽 0.6~0.8m，并与外沟相通，以保证雨季迅速排水，不致淹涝山药块茎，防止造成腐烂。

三、适量浇水

由于山药叶片正反两面均有很厚的角质层，所以，比较耐旱，抗蒸腾作用比较强。一般在山药定植前浇 1 次透水后，定植覆土后不再浇水，一直到出苗后 10 天左右再浇定植后第一水，而且浇水量要小，不能大水漫灌，俗称“浇浅水”。由于各地土壤质地和气候条件不一致，浇第一水的时间可以灵活掌握，原则上出苗长度不足 1m 时不宜浇水，这样有利于山药根系向下伸展，增强抗旱力。有些地方习惯于在浇第一水时，随水施肥，主要是施“粪稀”，这种做法并不可取。试验表明，这个时候山药苗需肥量小，如再进行追肥，不但效果不好，还容易烧伤幼嫩的根系，可谓“费力不讨好”。浇第一水时，可用锄或耙在垄（畦）上开 1 条小沟，在沟中浇水，使水逐渐下渗。有的地方在整地时如已预留畦（垄）沟，就不必再另开小沟，在原畦（垄）沟内浇水就可以了。浇第 1 水的时间虽不宜过早，但也不能太晚。山东省泰安地区种植长山药有句农谚：“旱出扁，涝出圆。”这就是说，尽管山药比较耐旱，但要获得好的收成，土壤也不可过于干旱。土壤过分缺水，尽管山药也能存活，但所产块茎是扁形的，商品价值较低，而且产量也要下降。如果有良好的灌溉条件，长出来山药块茎是圆柱形的，产量和商品价值都比较高。

山药浇完第 1 水后，植株生长很快，待 1 周以后可浇第二水。第二水也不能浇大水，也要“浇浅水”。在这个时期，由于日照比较充足，气温比较高，蒸发量大，浇水以后土壤容易板结，因而要注意用浅齿耙等工具将板结的土面耕成虚土。否则，土壤板结，既不利于保水，还会绷断幼嫩的根系。一般在浇第三水时，可以加大水量，以后注意保持土壤见干见湿的状态。总之，随着山药植株生长旺盛期的到来，需水量不断增加，所以，应及时调整浇水量，满足山药生长对水分的要求。由于我国南方诸省湿涝多雨，因此，在浇水时应考虑这一因素，雨水能及时补充的，则不再另行浇水。雨量大时，还要注意排水，不可使山药植株淹涝。否则，会严重影响植株正常生长，有时候还会导致整个植株“泡死”。挖好排水沟，是防止淹涝的一个好办法，不可忽略。立秋以后，为促使山药块茎增粗，防止继续伸长，可灌大水 1 次。这时灌大水，具有抑制块茎继续下扎而起到向扩粗方向发展的作用。

山药生长对水质的要求不严格，河水、井水、湖水、雨水、自来水均可，但要保持水质清洁。工厂排出的污水等，不能作为灌溉用水。有关试验表明，施用富含有害重金属元素的排污水，则显著增加山药块茎体内的重金属元素含量，会对人体健康造成严重损伤。如果水质污染过于严重，山药植株则不能完成生长周期，大部分会中途死亡。

覆盖地膜是近期兴起的新技术，但在山药栽培中使用较少。主要原因是地膜成本较高，仅能 1 次性使用，铺膜又比较费事(尤其在山药高垄栽培中不容易铺膜)，对整个山药生产所起的作用也不十分明显。地膜的保温作用，在蔬菜栽培中效果明显，但由于山药是高架栽培，大部分生长时期枝叶繁茂，地面基本被枝叶遮住而不能透光，所以，在栽培山药中地膜的保温作用不大。地膜的另外一个作用是节水，通常能节水 10%～25%，但山药产区一般不缺水，灌溉条件都不错，因此，地膜的节水作用并不被多数种植山药的农民所欣赏。在气候寒冷地区栽培山药，铺地膜还是十分必要的。根据吉林省浑江市的栽培经验，山药定植后扣上地膜，能使块茎的产量增加28%以上。其增产原因，主要是地膜起到了提高地温的作用，另外，也兼具保水保肥的功效。此外，在炎夏的季节，还可以铺黑色薄膜，以降低块茎生长土层的地温，促进块茎正常肥大。

以上主要介绍了山药栽培中浇水的基本原则。然而，在实际生产中，由于各种条件经常有较大的变化，所以，需要灵活掌握，摸索出一套适于当地条件的灌水方式。总之，凡是在沙壤土上栽培山药，浇水要少而勤。在黏壤土上栽培山药，由于保水性好，在满足山药正常生长的前提下，采用何种方式浇水均可。

四、及时中耕除草

由于山药出苗后生长很快，所以，中耕除草只在早期进行。中耕要求浅耕，只将土壤表面整松即可。在山药生长过程中，一般杂草的生长也会很旺盛。为避免杂草争夺养分，应及时拔除，但应注意不要损伤块茎和根系。现在有的山药产区，在定植后用喷洒除草剂来灭除杂草，效果不错。施用除草剂，适于山药大面积栽培。农民在山药播种后至出苗前，趁雨后土壤墒情较好时，每亩用48%氟乐灵乳油150~200g对水50kg，均匀喷洒土面，喷后浅耧，效果较好。另外，农民习惯用34%施得圃（Stomp）乳剂250倍稀释液，喷洒土面，每公顷用药量为4kg，效果也很好。

需要注意的是，应该根据杂草发生种类，选择合适的除草剂。以禾本科杂草为主的发生地区，可采用氟乐灵、地乐胺和除草通；以荠菜、灰草为主的杂草，可用利谷隆和除草醚。不管采用哪一种除草剂，都必须在杂草萌发前或杂草刚萌发时施用，这样除草效果才有保证。如果用药偏晚，杂草大量出土，则影响除草效果。在沙性土壤上栽培山药时，禁止使用扑草净，否则，易对山药产生药害。现在的除草剂产品良莠不齐，所以，在正式使用前必须做小面积试验，观察除草效果。

需要说明的是，如果是进行有机山药栽培，在整个栽培过程除草剂是禁止使用的。

五、精细采收

山药的收获时间很长，是食用农作物中收获时间最长的庄稼。有的地方进 8 月就收山药，有些则在第二年 4 月才挖掘，这中间前后相差有 8 个月的时间。在这段时间内，可以根据市场需求、气候状况、劳力条件、合同期限、自家食用需要等情况以及贮存设备的多少和大小，随时收获山药。按收获集中时间的不同，一般可分为夏收、秋收和春收。收获时，要认真仔细。既要将山药挖收干净，防止遗漏，又要使山药完好无损，不受伤害。真正做到丰产丰收，收尽收好。

一般在山药栽种当年的 10 月底或 11 月初，当地上部分发黄枯死后，即可开始收获山药块茎。山药收获的一般程序是：先将支架及茎蔓一齐拔起，接着抖落茎蔓上的零余子（山药豆），并将地面上掉落的零余子收集起来。然后，就可以收获山药块茎了。

扁形种和块状种的山药块茎较短，比较容易挖收。长山药的块茎较长，难以采收，如果采收技术不熟练，块茎破损率是很高的。华北地区采收长山药的方法是：从畦的一端开始，先挖出 60cm 见方的土坑来，人坐在坑沿，然后用特制的山药铲，沿着山药生长在地面上 10cm 处的两边侧根系，将根侧泥土铲出，一直铲到山药沟底见到块茎尖端为止，最后轻轻铲断其余细根，手握块茎的中上部，小心提出山药块茎。一定要精细铲土，避免块茎的伤损和折断。收获脚板苕的方法是：在挖出 60~70cm 见方的土坑后，再向下挖 30~40cm，即可把比较长的脚板苕完好无损地挖取出来。不论是挖收哪一种山药，一定要按着顺序，一株一株挨着挖，这样既能有效减少破损率，又能避免漏收。日本近年来采用“水掘法”收获山药，即采收前向山药地灌水，然后用力拔出山药。但这一方法只适用于沙地土壤，对黏壤土则效果不好。

一般认为，收获山药块茎晚一些为好。华南地区不要早于 7 月，长江流域不要早于 8 月，华北地区不早于 9 月中旬，东北不早于 9 月底。山东鲁西南采收在 10 月 20 日至翌年 3 月 20 日前进行。总之，各地均应掌握在山药块茎生长盛期的后期收获，早于这个时期，山药的基本产量还没有完全形成，对收成影响比较明显。但为了满足淡季市场的需要，山药也可在生长盛期的中期收获，这时收获的块茎虽然未充分长大，品质不好，但售价较高，经济效益还是不错的。在江淮流域及其以南地区，山药块茎可以留在地里，一直延至翌年 3—4 月采收。在华北及东北地区，一定要在初霜前采收完毕，否则，山药块茎受冻后，严重影响品质，商品价值大大降低。

（一）山药的夏收

8—9 月挖起的山药，特别是 8 月上旬收得的山药，都还没有完全成熟。就是在我国气温较高的华东地区，这时的山药也还是没有完全成熟。所收获的新山药品质较差，如水分大，干物质率低，碳水化合物比 10 月下旬收获的山药少 10%。而且从土中挖起后最怕太阳直晒，再加之 8 月的太阳光照还很厉害，山药一晒，其块茎就萎蔫。因此，一定要小心收获。最好是预先联系好市场和买主，做到随要随收，随收随卖。收获时，山药块茎上应多带些泥土防干保湿，以免失水萎蔫，降低质量。在收获后，也需注意保护，特别是在包装、运送的过程中要小心。可以将枝蔓围在山药四周或盖在上面，一次性送到收购点，切不可来回倒腾。收获时，细根不要去掉。越是早收的山药，细根越是存有活力。因此，不要去细根，而应将块茎连同细根泥土一齐上市，以便保证质量，不致因失水而下降。

（二）山药的秋收

山药的秋收是传统中普通的收获，一般从9月下旬以后到11月进行。这时，山药植株地上部已渐枯萎，霜冻将至，应该在地冻之前将其收获完毕。这个时候收获的山药，主要应注意防冻，尤其是东北和内蒙古等地，冬季温度偏低，更应注意防冻。在初霜来临较早的北方，应在初霜前将山药收获完毕。

在菏泽、济宁地区，收获山药的方法是“白露打，寒露刨”。即在白露节气时，先打落山药豆（零余子），寒露到了便收挖山药。山药豆比山药整整要早收一个月，这样做可以使生长在地下的块茎更为充实。但是，在寒露时块茎的含水量很多，非常嫩脆，收获时块茎极易折断。再说提前一个多月打落零余子，也会影响枝叶生长。因此，一般认为还是以到了霜降以后茎叶枯黄时收获为好。当然，为了早收抢市场，或是土壤湿度比较大的山药地块，可以早收。沙地山药进行水掘法收获的，湿水面积也不能太多。应该一株一株地进行湿水冲沙疏土，将山药拔出。

收获山药时，应尽量避开高温和日晒，即使是下午也要注意。收获后应立即盖土防晒，而且进行水洗和装箱等活动，均需选在温度较低的地方进行。因为温度愈高变色愈多，而在5℃以下的低温环境下，山药变色很少。

（三）山药的春收

山药的春收，是指在第二年3—4月的收获。依地区的不同，收获时间前后有1个月的差距，但最迟也不能影响春天的播种和定植作业。收获太迟了，也会因为地温达到了10℃左右，山药块茎已经过了5个月的休眠，在湿度适宜的条件下就会萌发新芽。

为什么要延迟到第二年春季才收获山药呢？春季收获的优点还是很多的。首先，春天收获的山药品质好。不仅营养好，风味好，加工产品质量更好，褐变非常少。夏收的山药不成熟，其优点只是提前收获，提前供应市场。所收获的山药只能食用，不能药用；只能熟食，不能加工。秋收的山药食用和药用都很适合。灵气已足，完全可以满足老年人一冬春食补山药的需要。据我国和日本的一些山药加工部门反映，秋收的山药大多不如春收的品质好。春季收获的山药褐变发生的情况会少得多，或者没有；研究部门的测定也表明，春季收获的营养多。

春季收获的山药，更有利于山药的夏季贮藏，可以一直供应到八九月份，接上新山药上市，使一年四季都有山药出售，做到了均衡供应。因为山药的冬季田间贮藏利用了天然的菜窖，既不受损失，也不受损伤，内容充实了，皮层加厚了。等到春暖后收获时，人们也不感到天冷，挖起山药来再不会缩手缩脚，非常顺手利索。这时的山药比起秋冬山药来，既不容易折断，也不容易伤皮。收获中，用手截下山药栽子时，也不觉手冷，而且切面也容易沾上消毒的石灰粉，因为这时山药中的含水量相对减少了。另外，这时所收获山药的分类、装筐、运输、出售或贮藏，也方便得多。比起从上年 10 月收获的山药，一直贮存到第二年 9 月，要容易得多，因为完全省去了 5 个月的冬季贮藏工作。分量没减少，质量有提高，并且，无需进行冬藏和夏藏 2 种截然不同的气候之下温度和湿度的调节。

第十一章　马铃薯

马铃薯属茄科，是茄科茄属中能形成地下块茎的一年生草本植物。马铃薯又称地蛋、土豆、洋山芋等，具有营养丰富、高产高效、生育期短、粮菜兼用的特点，是全球第四大重要的粮食作物，仅次于小麦、稻谷和玉米，与小麦、稻谷、玉米、高粱并称为世界五大作物。

马铃薯主要生产国有中国、俄罗斯、印度、乌克兰、美国等。中国是世界马铃薯总产最多的国家。2015 年中国启动马铃薯主粮化战略，成为除稻米、小麦、玉米外的又一主粮。

第一节　马铃薯优良品种

1. 陇薯 3 号

品种来源：甘肃省农科院粮食作物研究所育成的高淀粉马铃薯新品种，1995 年通过甘肃省农作物品种审定委员会审定，2002 年 4 月获甘肃省科技进步二等奖。

特征特性：该品种中晚熟，生育期（出苗至成熟）110 天左右。株型半直立较紧凑，株高 60～70cm。茎绿色、叶片深绿色，花冠白色，天然偶尔结实。薯块扁圆或椭圆形，大而整齐，黄皮黄肉，芽眼较浅并呈淡紫红色。结薯集中，单株结薯 5～7 块，大中薯重率 90%以上。块茎休眠期长，耐贮藏。品质优良，薯块干物质含量 24.10%～30.66%，淀粉含量 20.09%～24.25%，维生素 C 含量 20.2～26.88mg/100g，粗蛋白质含量 1.78%～

1.88%，还原糖含量 0.13%~0.18%，食用口感好，有香味。特别是淀粉含量比一般中晚熟品种高出 3~5 个百分点，十分适宜淀粉加工。抗病性强，高抗晚疫病，对花叶、卷叶病毒病具有田间抗性。

2. 费乌瑞它

该品种由荷兰引进，经组织养繁育而成。推广种植表明，该品种在陕西有很好的商品适应性和品种优势，是当前理想的双季、高产早熟品种。株高 50cm 左右，直立型，薯块椭圆形，黄皮黄肉，表皮光滑，薯块大而整齐，芽眼浅平。肉质脆嫩，品质好。结薯早而集中，商品率高。从出苗到收获 60 天左右，休眠期短。春薯覆膜栽培可提早于 5 月中下旬上市，宜双季栽培。块茎结薯浅、对光敏感，应适当培土，以免块茎膨大露出地面绿化，影响品质。春播一般亩产 1 500~2 000kg，高的可达 2 500kg 以上。薯块大而整齐，受市场欢迎，面向南方市场及东南亚出口有广阔前景。

3. 中薯 3 号

中国农业科学研究院蔬菜花卉研究所育成的早熟品种，出苗后生育日数 67 天左右。株型直立，株高 50cm 左右，单株主茎数 3 个左右，茎绿色，叶绿色，茸毛少，叶缘波状。花序总梗绿色，花冠白色，雄蕊橙黄色，柱头 3 裂，天然结实。块茎椭圆形，淡黄皮淡黄肉，表皮光滑，芽眼少而浅，单株结薯 5~6 个，商品薯率 80%~90%。幼苗生长势强，枝叶繁茂，匍匐茎短，日照长度反应不敏感，块茎休眠期 60 天左右，耐贮藏。田间表现抗花叶病毒病，不抗晚疫病。室内接种鉴定：抗轻花叶病毒病，中抗重花叶病毒病，不抗晚疫病。块茎品质：干物质含量 19.1%，粗淀粉含量 12.7%，还原糖含量 0.29%，粗蛋白含量 2.06%，维生素 C 含量 21.1mg/100g 鲜薯，蒸食品质优。

4. 中薯 4 号

该品种由中国农科院蔬菜花卉所育成。属早熟、优质、炸片型马铃薯新品种。株形直立，分枝少，株高 55cm 左右，茎绿色，基部呈淡紫色。叶深绿色，复吉挺拔，大小中等，叶缘平展。花冠白色，能天然结实，极早熟，从出苗至收获 60 天左右。块茎长圆形，皮肉淡黄色，薯块大而整齐，结薯集中，芽眼少而浅，食味好，适于炸片和鲜薯食用。休眠期短，植株较抗晚疫病，抗马铃薯 X 病毒和 Y 病毒，生长后期轻感卷叶病、抗疮痂病，种性退化慢。一般亩产 1 500~2 000kg。

5. 郑薯 6 号

该品种早熟，生育期 65~70 天，休眠期约 45 天，耐储性较好。生长势强，株型直立，分枝 2~3 个，株高约 60cm，结薯集中，单株结薯 3~4 个，块大而整齐，商品率高，品质优适合鲜食。块茎干物质 20.35%，淀粉 14.66%，粗蛋白质 2.25%，维生素 C 13.62mg/100g，还原糖 0.177%。田间植株无皱缩花叶，较抗花叶病毒、茶黄螨、疮痂病及霜冻，轻感卷叶病毒和晚疫病，病毒性退化轻。春季一般亩产 2 000~2 500 kg，秋季亩产 1 500kg。

栽培要点：喜肥水，产量潜力大。要求地力中上等，加强前期肥水管理。亩保苗 4 000~5 000 株。综合性状优良，大薯率及整齐度高，商品性好，鲜薯出口达到国家一级标准。

6. 早大白

该品种早熟、抗病、高产，并具有薯块大而整齐、白皮白肉，商品性好的突出特点，故辽宁省农作物品种审定委员会命名为“早大白”。“早大白”芽子壮、出苗快，前期生长迅速，一般栽培播后 85 天成熟；结薯集中、整齐，薯块膨大快，播后 75 天大中薯比例（商品率）达 80%以上。覆膜栽培，播后 65 天成熟，早上市产值高，早倒茬提高复种效益。

栽培要点：该品种一般栽培亩产2 000kg左右，大中薯比例（商品率）达93.2%；覆膜早收亩产1 500kg，大中薯比例达85%以上。

第二节　特征与特性

一、特征

马铃薯的根系为须根系，分为芽眼根和匍匐根，芽眼根由芽的基部发出来，是主要的吸收根系；匍匐根是在地下茎节处的匍匐茎周围发出的根，专为结薯提供水分和养分。

马铃薯的茎分为地上茎、地下茎、匍匐茎和块茎。地上茎为绿色、直立，茎上腋芽能形成分杈。断面菱形。埋在土壤内的茎为地下茎，包括匍匐茎和块茎。匍匐茎是茎在土壤中的分杈，是茎的变态。块茎是由匍匐茎末端节间极度短缩，积累大量养分并膨大形成的。块茎上有芽眼，一般每个芽眼有3个芽，中央为主芽，两侧为副芽，一般副芽不萌发。

马铃薯幼苗的初生叶是单叶，全缘，颜色较深。随植株的生长，渐渐形成奇数羽状叶，叶上有茸毛和腺毛。

马铃薯的花为伞形花序或分叉聚伞形花序，着生在茎的顶端，花的开放标志着地下块茎开始膨大。早熟品种第一花序开放、中晚熟品种第二花序开放，地下块茎开始快速膨大。小花5瓣，两性花，自花授粉。

马铃薯果实为浆果，圆形或椭圆形，青绿色。种子多为扁平近圆形或卵圆形，浅褐色，千粒重0.5~0.6g。果实生长与块茎争夺养分，对产量形成不利，摘除花蕾有利于增产。

二、特性

马铃薯块喜冷凉气候，不耐高温和霜冻。块茎萌芽的适宜地温为 8～10℃时，10～12℃时幼芽可茁壮成长并很快出土。植株生长最适温度为 21℃左右。茎形成的最适土壤温度为 16～28℃，白天气温 20～25℃和夜间气温 12～14℃的时期。

马铃薯是喜光作物，在生长期间日照长、光照强，有利于光合作用。充足的光照利于茎叶生长和现蕾，较短的日照对块茎的形成有利。

马铃薯开花前后，正是块茎膨大期，土壤水分要补充足够，易于获得高产。块茎膨大后期，应减少灌水。土壤水分经常保持 60%～80%比较适宜。

马铃薯是高产作物，需肥量较大，尤以钾肥的需要量最为突出。马铃薯对氮、磷、钾的吸收比例为 1：0.5：2.5，生产施肥氮磷钾比例为：北方 1：0.5：0.6，南方 1：0.4：0.8。忌施用含氯离子的肥料。马铃薯对土壤的适应范围较广，以土层深厚、结构疏松、排水良好、富含有机质的微酸性壤土最适合马铃薯生长，土壤 pH 值适宜范围为 5～6。

第三节　马铃薯栽培技术

一、栽培季节和茬次安排

马铃薯栽培茬次安排的总原则是把结薯期放在温度最适宜的季节，土温 16～18℃，白天气温 20～25℃和夜间气温 12～14℃的时期。各地可选择适宜时间进行春播夏收或春播秋收的露地栽培或地膜覆盖栽培；北方地区可以利用地膜加小拱棚、塑料大棚、温室等设施进行马铃薯冬春栽培。

二、春季地膜覆盖栽培技术

春季地膜覆盖栽培可以比常规露地栽培提早上市 10~20 天，抢到市场销售空档，提高经济效益。

（一）整地施肥

尽量选择地势平坦、土层肥厚、微酸性的沙壤土。忌与茄科作物（如番茄、茄子、辣椒等）轮作，马铃薯是高产喜肥作物，需施足基肥。结合翻地施入腐熟农家肥每亩5 000kg，过磷酸钙每亩 25kg，硫酸钾每亩 15kg。依当地气候条件可垄作、畦作或平作。

（二）品种选择

根据气候特点，选择高产、抗病、优质、商品性好，春播秋收的脱毒马铃薯品种。北方应选中熟丰产良种，如克新系列、高原系列、东农 303、克新 2 号、克新 6 号、大西洋等。在中原地区，需要选择对日照长短要求不严的早熟高产品种，而且要求块茎休眠期短或易于解除休眠，对病毒性退化和细菌性病害也要有较强的抗性，如中薯 4 号、鲁薯 1 号、中薯 3 号、中薯 5 号、费乌瑞它等。

（三）种薯处理

选择薯皮光滑，颜色鲜正，大小适中，无病、无冻害、芽眼多、薯形正常的薯块作种薯，用种量每亩 120~150kg。在播种前 20~30 天催芽。催芽前晒种利于早发芽、发壮芽。于晴天 10：00~15：00 时把筛选好的薯种放在棚架、草苫或席上，让太阳光直接照射，晒 2~3 次。

切薯块在催芽前 1~2 天进行，每块至少要有 1 个芽眼，块重 25~50g。薯块切面若发现有乳黄色环状或枯竭变黑等症状时，应丢弃该种薯，并用 1%高锰酸钾或福尔马林或 800 倍液 50%多菌灵或 70%酒精液擦涂茬体，或用水冲洗茬体，避免茬体污染其他种薯。切块后用50%多菌灵500倍液或0.05%高锰酸钾溶液浸种5~10分钟，捞出晾干用草木灰拌种，具有补钾、抗旱、抗寒、抗病虫的作用。

稍晾即可催芽。在15~18℃温度条件下暖种催芽每亩10~15kg。

当芽长至1~2cm时，即可在大田中移栽播种。

（四）播种

播种前3~4天，可将发芽的种块放在阳光下晾晒，薯芽变绿并略带紫色即可播种，注意温度应保持在10~15℃，使芽粗壮，提高抗逆性。春播马铃薯应适时早播，一般来说，应当以当地终霜日期为界，并向前推30~40天为适宜播种期。播种时行距30cm，株距30~33cm，窝深10cm，马铃薯芽眼朝下，然后覆土3cm左右。栽植4 500~5 000株/亩。播前土壤墒情不足，应在播前造底墒，或于播种后浇水。

（五）田间管理

小苗出土后引苗露出地膜上，苗四周培土似露非露，严防烧苗、毁苗的损伤，也有利于保墒增温。苗期结合浇水施提苗肥，每亩施尿素15~20kg，浇水后及时中耕，中耕一般结合培土，可防止“露头青”，提高薯块质量。发棵期控制浇水，土壤不旱不浇，只进行中耕保墒，植株将封垄时进行大培土。培土时应注意不要埋没主茎的功能叶。结薯期土壤应保持湿润，尤其是开花前后，防止土壤干旱。在马铃薯始花期到盛花期用5mL烯效唑1支对水8L，用量每亩30mL，均匀喷洒在植株上，可起到增强植株抗性、减轻病害、防止徒长提早成熟和提高产量的作用，一般可增产10%~15%。追施钾肥以现蕾初期效果最佳，每亩施入硫酸钾10~15kg，块茎产量提高显著。

三、早春拱棚栽培技术

（一）棚覆盖提前播种

早春马铃薯拱棚覆盖栽培技术，将马铃薯的适播期提前到了2月上旬，使马铃薯块茎膨大期处于白天高温、夜间低温的最佳时期，同时，可以延长植株生长期，因而大大提高了马铃薯的产量和质量。

（二）宽行大垄栽培

实行一垄双行种植，垄距80~90cm，种双行，小行距20cm左右，株距25~28cm。亩定植5 500~6 000株。开沟深8~10cm，宽25cm，溜水后，斜调角摆种，芽向上，用少量细土盖住芽，然后穴施肥，覆土起垄。要求种块到垄顶12cm。把垄面耧平，喷施施田补等芽前除草剂，喷洒要均匀周到，然后用地膜覆盖。所铺塑料薄膜应选用90~100cm宽，厚度为0.005~0.008mm的超薄膜，每亩用膜4~5kg。铺膜时膜要拉紧，贴紧地面，薄膜边缘要埋入土里10cm左右，并用土埋住压严，用脚踩实。盖膜要掌握“严、紧、平、宽”的要领，即边要压严，膜要盖紧，膜面要平，见光面要宽。当天建好拱棚并上好农膜。机械化播种时垄距扩大到90~100cm，地膜种植时要盖膜后及时浇水2次。

（三）测土配方均衡施肥

亩施土杂肥5 000kg或商品有机肥150kg、三元复合肥（15：10：20或15：12：18）150kg、硅钙肥亩施15~25kg、硫酸锌1.2kg、硼酸1kg。土杂肥在耕地时撒施，其他肥料均于播种时条施。

（四）田间管理

1. 及时破膜

播种后20~25天，苗将陆续顶膜，选择晴天及时将地膜破孔放苗，并用细土将破膜孔掩盖。集约化种植，当薯芽长到离地膜 2cm 时，膜上机械覆盖土 2～3cm。

2. 加强温度管理

拱棚内保持白天 20～26℃，夜间 12～14℃。经常擦拭农膜，保持最大进光量。随外界温度的升高，逐步加大通风量，4 月中旬（清明节后 7～10 天）可撤膜。

3. 科学浇水

马铃薯获得较高产量，需要大量的水分。满足不了水分需要，就难以取得满意的产量。马铃薯既是需要大量水分的作物，又是供水不能间断的作物，特别是在块茎形成和块茎膨大阶段，要连续保持土壤湿润状态。一旦水分供应间隔，便会造成块茎停止生长，形成畸形块茎，造成严重减产和品质降低。但马铃薯生育后期又要防涝，因雨涝或湿度过大会造成块茎不耐贮藏或腐烂。因此，生产中要掌握均匀而充足的供给水分，使土壤耕作层始终保持湿润状态。马铃薯生长的适宜土壤湿度是，全生育期平均保持在 80%左右的土壤含水量为最理想。其中苗期要保持在 70%～80%，收获前保持在 65%～75%为宜；块茎形成至块茎膨大阶段必须保持在 80%～85%。

生产中应掌握小水勤灌的原则，每次灌水不漫过垄顶。结合墒情，在播后、出苗前、齐苗期、现蕾初期、落蕾期、薯块迅速膨大期各浇水 1 次。在收获前 7 天左右要停止灌溉，以确保收获的块茎周皮充分老化，以利贮藏。

（五）病虫害的综合防治

1. 主要病虫害种类

马铃薯主要病虫害有晚疫病、早疫病、蚜虫、地老虎、蛴螬、金针虫等。

2. 制订科学植保方案

选择使用高效、低毒、对环境安全的农药产品，以保证生产出优质、健康、安全的农产品。根据病虫害的发生规律以及良好农业操作规范的要求，在病害防治中应采取保护性杀菌剂和治疗性杀菌剂配合使用的原则。在生长期中进行5次叶面喷药，分别在团棵期和现蕾期各施药1次安泰生或大生70%可湿性粉剂(100~150g/亩)，间隔10天；从块茎膨大期开始，连续3次轮换施用阿米西达、银法利、抑快净，间隔10天。对于蚜虫的防治，除了在拌种期使用高巧拌种控制苗期的蚜虫外，在马铃薯成株期使用艾美乐70%可湿性粒剂5~10g/亩的剂量叶面喷雾。对于地老虎的防治，在3月上旬、4月上旬喷杀菌剂的同时，混合杀虫剂。

3. 保护叶片，延长功能期

国内外研究表明，叶片的光合作用对农作物产量的贡献率在90%以上。因此，保护叶片，延长其功能期可大大提高马铃薯产量。银法利不仅防病，还能延长马铃薯的后期叶片功能期，对增加马铃薯的产量非常关键。也可以在马铃薯开花初期叶面喷施0.2%硼酸，在薯块膨大期叶面喷施了3次磷酸二氢钾。

（六）科学应对灾害性天气

大风、大雪、连阴天、雾霾以及极端低温等灾害性天气，极易造成拱棚马铃薯减产甚至绝产。

1. 大风天气

为预防大风危害，一是要用加布套的压膜绳在拱杆间压紧，并防止压膜绳磨破薄膜。二是在大风天将通风口、门口均密闭，防止大风吹入温室，可减少薄膜损害。三是改竹木拱棚为钢架拱棚，可有效提高抗风、抗压能力。

2. 大雪天气

要及时清扫积雪，在下雪过程中，有条件的可利用合适的吹风器械人工吹雪。

3. 连续阴天和雾霾

（1）发生之前及时预防。应及时收听、收看天气预报，在连阴（雪）天到来之前，提前喷防病药剂或抗寒剂，并尽量少通风。

（2）发生期间采取措施。发生持续雾霾天气，要及早清理老叶、病叶、死叶，改善棚内光照条件。

（3）转晴之后规范管理。转晴后若发现植株有萎蔫情况，可喷施与室温相同的温水或营养液（0.2%～0.3%的尿素和磷酸二氢钾混合液），也可喷施氨基酸类肥料，既可减轻萎蔫，又能补充营养。

4. 应对极端低温

为避免发生冻害，冷空气来临时要堵塞通风口。白天尽量增加透光时间，提高棚内蓄热；有条件的可在夜间加盖无纺布（保温被）保温。

四、收获

大部分茎叶由绿变黄为成熟收获期。收获时要防止烈日暴晒。大面积收获应提前 2～3 天割去地上茎叶，待马铃薯表皮老化即可开挖收获。

当地旬平均气高于 25℃时，就应该安排收获。进入成熟期的马铃薯植株叶片从下到上开始发黄，用手捏主茎开始发空。

为了促进收获时薯皮老化，不易蹭皮，收获前黏土地 7 天、沙土地 5 天田间应停止浇水，叶面上可每亩喷洒磷酸二氢钾 1 000倍液。

收获时可以使用马铃薯专用收获机，也可以采用拉犁、锹挖、稿刨等方法。收时如果采用机械必须先拔秧后收获，否则，容易使薯块破损甚至机械损伤。收出的马铃薯最好先在田间晾 2～4 小时，待薯皮干燥后，轻轻擦掉粘在表皮的土后装箱或装代，然后最好尽快上市销售。切记不可将收获的马铃薯长期放在有日光或有散射光的环境下，造成薯皮变绿影响品质。如果收获后需要存放则要将马铃薯的伤烂块剔除，存放在通风不见光的场所，一般常温下可存放一个半月。若存放在4℃冷库中可存放半年以上。

第十二章　芦　笋

芦笋是世界十大名菜之一，学名石刁柏，又名龙须菜，在国际市场上享有“蔬菜之王”的美称。芦笋除具有独特鲜美的风味以外，营养价值也高于一般蔬菜，为国际流行的高档保健蔬菜。

我国芦笋的大面积栽培起始于20世纪70年代，至今大约50年了。芦笋是多年生宿根性草本植物，它和一般的蔬菜及农作物不同的是：一次播种，育苗、移栽、定植到大田后，可连续采笋多年。种植芦笋不需要年年播种育苗，不但节约资金和劳力，而且在管理上也较方便，发展芦笋生产，除第一年的资金及劳务投入较多外，从第二年开始，只需施肥、用药及田间管理的劳力投入，而其采笋量则从第三年开始进入高产期。在水肥条件较好，技术较高的地方，年采笋量每亩可达1 000~1 200kg，个别高产田，可达1 500kg，以平均每亩产鲜笋800kg，按近几年平均作地保护收购价6元/kg计算，每亩至少收入可达4 800元，2年投入与产出比高达1∶4左右。而一般的大田作物或蔬菜的投入与产出比1∶2左右。农民普遍反映种植芦笋的经济收入是种植其他作物收入的4~6倍。

第一节　芦笋优良品种介绍

芦笋是一种多年生草本植物，一次育苗播种，可收获10~15年。因此，芦笋的高产栽培技术最首要的就是选好品种。

一、无性系 F_1 杂交种

目前，用于商业生产的主要芦笋栽培品种是无性系 F_1 代杂交种，杂种 F_1 是经多年优选的 2 个亲缘关系较远的无性繁殖系父母本杂交的结果。能作为商品种子提供给栽培者的这些 F_1 无性系杂交种，是园艺特征相当一致的种群。在抗病性的选择上，育种家对 F_1 代杂交种的父母代亲本，抵抗病原体侵入的能力进行过严格选择，因此，芦笋 F_1 代杂交种对镰刀菌（引起芦笋根腐病）、茎点真菌（引起芦笋茎枯病）有较强的耐病性，它的产量和对病害的耐性都大大高于开放式自由授粉的老品种。

二、无性系全雄 F_1 杂交种

全雄品种是近年来国际芦笋协会全力推荐的新一代高产抗病品种。普通 F_1 代杂交种的后代，有 50%的雌株和 50%的雄株。50%的雌株在第二、第三年开始会产生大量的 F_2 代种子，消耗大量的储存营养，因此，雌株的产量要比雄株低 1/3。普通 F_1 代杂交种的抗病性较 F_2 代品种有很大提高，但仍有局限性，且品种之间差异很大。

高产抗病全雄品种具有较强的杂交优势和抗病性。植株高大，生长繁茂，抗病性也大大加强。全雄代杂交种在亲本选育上更进了一步，超雄亲本的选育更注重了抗病性的筛选，全雄 F_1 代杂交种的后代，几乎没有雌株，不会产生 F_2 代种子，在生产田中不会产生大量的自生苗，免除了人工清除自生苗的麻烦。自生苗是传播芦笋茎枯病的最好媒介，没有了自生苗，大大减少了茎枯病传染的几率。

芦笋全雄品种是当前国际芦笋界推广的新一代杂交 F_1 品种，目前已在发达国家全面推广，是国际芦笋产业今后四五十年发展的总趋势。芦笋全雄 F_1 代杂交品种全面替代雌雄混合的普通杂

交种，只是时间问题，这是必然的产业趋势，不以人的意志而转移。

三、优良芦笋新品种

（一）改良京绿芦 1 号（BJ98-2F1）

该品种是北京市农林科学院种业芦笋研究中心叶劲松教授选育出的适合中国大部分地区栽培的绿芦笋无性系 F_1 代杂交种。2012 年京绿芦 1 号唯一育种人叶劲松教授对京绿芦 1 号父母本进行提纯复壮，并重新进入组培室无性繁殖，生产出改良京绿芦 1 号。新品种纯度大大提高，比较适合生产绿芦笋，嫩茎长柱形，粗细适中，平均茎粗 1.45cm，单枝平均笋重 19.3~21.5g，比格兰蒂（Grande F_1）高 2~3g。嫩茎整齐，质地细嫩，纤维含量少。第一分枝高度 52cm，笋尖鳞芽包裹得非常紧密，且不易开散，笋头平滑光亮，顶端微细。嫩茎颜色深绿，绿色部分可占 98%以上，品质优良，是速冻出口的优良品种。该品种生长势很强，定植当年株高可达 180cm，茎数 15~20 个。对收获期间的温度要求较宽，起产较早，适合北方地区温室栽培。品种抗病能力较强，对叶枯病、锈病较抗，对根腐病、茎枯病，耐病能力较强。在北方地区定植后第二年亩产可达 500~800kg，成年笋亩产可达 1 000~2 000kg。

栽培要点：品种为无性系杂交种，生长势很强，定植密度以每亩 1 500~1 800 株，行距 140cm，株距 28~30cm 时，产量和品质均最佳。密度过大，每亩超过 2 000 株时，成年笋产量下降，嫩茎变细。品种对定植深度较为敏感，以 15cm 为宜，过深影响鳞芽发育，易产生畸形笋，且使品种早产性降低。

京绿芦 1 号比较喜肥水，特别是对钾肥和微量元素的平衡较敏感。为能充分发挥品种增产潜力，建议使用芦笋专用肥，营养搭配科学合理，产量高、质量好。京绿芦 1 号适合留母茎采收，成年生长正常笋田可遵循以下模式采笋：早春剃头式采笋30天，5月上旬待平均笋茎降至1.2cm时，开始留母茎。每15m^{2}留茎100个，多余的继续采笋，可持续到8月底到9月中旬。特别注意留母茎采收时要注意肥水供给，在雨季不要留新茎。

（二）京绿芦4号

京绿芦4号为我国第一个自主产权的全雄系杂交F_1代种。2008年参加有40个国际芦笋品种的中国北方区品种比较试验，该品种在国际芦笋评比试验中表现生长势突出，在抗病性、生长量等主要性状上与美国进口的对照品种格兰蒂（Grande）F_1相比，具有极明显优势。京绿芦4号平均亩产（净笋）达786.9kg，比对照格兰蒂（Grande）F_1增产51.46%。品种抗病能力较强，对叶枯病、锈病尚抗，对根腐病、茎枯病耐病力较强。嫩茎质量明显提高，一级品率达到80%以上。据初步试验在北方地区良种良法配套栽培，定植后第三年的成年笋田亩产（毛笋）可达1 000~1 500kg。

田间长势特征特性：该品种比较适合生产绿芦笋，嫩茎长柱形，比较粗，平均茎粗1.45cm，单枝平均笋重21.7~23.1g。品种生长势很强，定植当年株高可达200cm，茎数可达25~32个。第一分枝高度48.9cm，笋尖鳞芽包裹得非常紧密，不易开散，笋头平滑光亮。嫩茎颜色深绿，整齐，质地细嫩，纤维含量少，品质优良，是保鲜出口的优良品种。品种抗病能力较强，对叶枯病、锈病高抗，对根腐病、茎枯病耐病能力较强。该品种产量潜力较大，特别是在成年期，全雄株可达98%，由于仅有极少的雌株，几乎不产生种子，消耗较少，生长期间死亡率低。对收获期间的温度要求较宽，起产较早。

栽培技术要点：该品种的定植密度以每亩1 500~1 800株，行距150cm，株距25~28cm时，产量和品质均最佳。密度过大，每亩超过2 000株时，成年笋产量下降，嫩茎变细。品种对定植深度较为敏感，以 15cm 为宜，过深影响鳞芽发育，易产生畸形笋，且使品种早产性降低。该品种比较喜肥水，特别是对钾肥和微量元素的平衡较敏感。为能充分发挥品种增产潜力，建议使用芦笋专用肥，营养搭配科学合理，产量高质量好。如使用普通肥料，建议增加有机肥、菌肥、氮磷钾复合肥的施入。年施入量不低于 200kg。该品种适合留母茎采收，成年生长正常笋田可遵循以下模式采笋：早春剃头式采笋 30 天，5 月上旬待平均笋茎降至 1.2cm 时，开始留母茎。每 $15m^2$ 留茎 100 个，多余的继续采笋，可持续到 8 月底到 9 月中旬。特别注意留母茎采收时要注意肥水供给，在雨季不要留新茎。

（三）京绿 1465

京绿 1465 是叶劲松教授最新选育出的全绿早生性新品种。2012—2015 年在参加 20 个组合的产量鉴定试验时表现突出，平均产量比对照京绿 1 号增产 15.2%，品种色泽全绿，早生性好，品质佳、适口性好，味甜，纤维少，具特有的清香味。品种抗病能力较强，对叶枯病、锈病高抗，对根腐病、茎枯病耐病能力较强。嫩茎质量明显提高，一级品率达到 70%以上。在北方地区良种良法配套栽培，定植后第三年的成年笋田亩产（毛笋）可达 1 000~1 500kg。

特征特性：该品种比较适合在温室、塑料大棚生产绿芦笋，嫩茎长柱形，比较粗，平均茎粗 1.45cm，单枝平均笋重 21.5~24.8g。品种生长势很强，定植当年株高可达 180cm，茎数 20~25 个。第一分枝高度 56.5cm，笋尖鳞芽包裹得非常紧密，不易开散，笋头平滑光亮。嫩茎颜色翠绿，嫩茎整齐，质地细嫩，纤维含量少。品质优良，是保鲜出口的优良品种。品种抗病能力较强，对叶枯病、锈病高抗，对根腐病、茎枯病耐病能力较强。对收获期间的温度要求较宽，起产较早。

栽培技术要点：该品种的定植密度以每亩 1 500~1 800株，

行距 150cm，株距 25～28cm 时，产量和品质均最佳，定植深度以 15cm 为宜。该品种比较喜肥水，特别是对钾肥和微量元素的平衡较敏感。为能充分发挥品种增产潜力，建议使用芦笋专用肥，营养搭配科学合理，产量高质量好。如使用普通肥料，建议增加有机肥、菌肥、氮磷钾复合肥的施入。年施入量不低于 100kg。该品种适合留母茎采收，成年生长正常笋田可遵循以下模式采笋：早春剃头式采笋 30 天，5 月上旬待平均笋茎降至 1.2cm 时，开始留母茎。每 $15m^2$ 留茎 100 个，多余的继续采笋，可持续到 8 月底到 9 月中旬。特别注意留母茎采收时要注意肥水供给，在雨季不要留新茎。

（四）新世纪

新世纪芦笋是以“格兰德”中的优良雌株为母本与“西德全雄”中的优良单株为父本杂交，从其后代选育出的一代杂种，田间综合性状优良，平均亩产量1 500kg。

新世纪芦笋品种植株生长旺盛，叶色浓绿，株高 200cm 左右。第一分枝高 63cm 以上。白笋色泽洁白，绿笋种植颜色浓绿。笋条直，粗细均匀，质地细嫩，包头紧，不散头，无空心，无畸形，生食口感微甜，熟食芦笋味浓重，口感佳。白笋适宜采收长度为 20～22cm，平均单支重 26g，质地脆，露土不易变色，适宜加工罐头和市场鲜销，生食口感微苦，熟食芦笋香味浓。平均茎粗 1.6cm 以上，一级笋率 94%以上，抗茎枯病，平均产量1 500 kg/亩。在我国北方年生长期为 260 天。白笋、绿笋兼用，白笋栽培更佳。

新世纪芦笋适宜全国各地栽培。采用小拱棚、冬暖式大棚等设施一年四季均可育苗，宜采用营养钵，苗期 70～80 天。当幼苗长到 4 根以上茎时定植，白笋栽培行距 1.8m，株距 0.28m，每亩栽培1 350株为宜，种植以后第二年即可采收，前 3 年采收分别以 70 天、90 天、100 天为宜。绿笋栽培行距 1.3～1.4m，株距0.25~0.28m，每公顷栽培1 800株为宜，种植以后第二年即可采收，前3年采收分别以80天、90天、120天为宜。

（五）冠军

冠军芦笋品种是利用基因育种技术培育的杂交新品种，白绿兼用型品种。该品种籽粒大而饱满，亮黑色，苗期生长旺盛，颜色浓绿，植株当年成株，茎秆粗壮，成龄后株高220cm以上。雌、雄株比例各约占50%。白、绿笋兼用型品种，以绿笋栽培为主。嫩笋粗细均匀，不易空心、开裂、畸形，一级笋率92.5%。区域试验田间表现较抗茎枯病。绿笋适宜采收长度为20~25cm，平均单支重20g，包头紧实，茎基部紫根少，1~2cm，适宜速冻加工，生食口感微甜，熟食芦笋香味浓，口感佳。白笋适宜采收长度为20~22cm，平均单支重22g，质地脆，生食口感微苦，熟食芦笋香味浓。

冠军芦笋品种参加了2007年全省芦笋品种委托区域试验，2~3年生芦笋平均亩产790.0kg，比对照品种鲁芦笋一号增产20.0%；2008年全省委托生产试验，3~4年生芦笋平均亩产1 050.7kg，比对照品种鲁芦笋一号增产19.5%。

冠军芦笋品种一年四季皆可育苗、定植，苗期70~80天。宜采用营养钵育苗。定植后生长速度快，要求高肥水管理，营养生长期肥水猛攻。6—10月每隔7~8天喷1次杀菌剂防治茎枯病。采收期控制土壤湿度防止裂笋。白笋栽培以行距1.8m、株距0.28m，亩株数1 350株为宜，前3年采收分别以70天、90天、100天为宜。绿笋栽培以行距1.3~1.4m、株距0.25~0.28m，亩株数1 800株为宜，前3年采收分别以80天、90天、120天为宜。

（六）鲁芦笋七号

“鲁芦笋七号”是潍坊市农科院育成的芦笋一代杂交种，2013年5月23日经山东省品种鉴定委员会鉴定，其品质、丰产性、抗病性超过国外引进的杂交种。株高 250cm，适合我国南北方种植。

"鲁芦笋七号"品种鉴定名为"绿峰"，由于前期推广时我们以"T4"为代号推广，所以就逐渐把"绿峰"叫成了"T4"。为了规范潍坊农科院新育出的品种的命名法则，根据潍坊市农科院原先育出的国内第一个芦笋新品种"鲁芦笋一号"，"绿峰（T4）"已经是我们育出的第七个品种，所以，2017 年年初就把 T4 统一定名为"鲁芦笋七号"。

"鲁芦笋七号"母本为阿波罗优良变异株 ap-2，父本为吉内姆的优良变异株 JH1。该品种植株生长旺盛，株高约 250cm，包头紧密，颜色浓绿，抗茎枯病能力强于对照品种'冠军'，3 年产量比对照增产 32. 9%，平均单支重 37g，一级笋率达 93%。该品种因为长势粗壮，单支粗大而更适合在国内推广，可作为白芦笋、绿芦笋种植，特别适宜绿芦笋鲜销和白罐头加工。

该品种丰产性强，一年即可采收，笋条直，粗大均匀，平均直径 1. 7cm 以上，质地细腻，包头性好，白笋洁白，绿笋翠绿。北方地区丰产期亩产可高达1 900kg 以上。

（七）格兰蒂

格兰蒂（Grande）：美国加利福尼亚芦笋种子公司，最新推出的无性系双杂交一代绿白兼用的芦笋品种。芦笋肥大、整齐、汁多、微甜、质地嫩、纤维含量少等。第一分枝高度 60cm，顶部鳞片抱合紧密，在高温下散头率仍较低，芦笋色深绿，长圆形，有蜡质，外形与品质均佳，在国际市场上极受欢迎，是出口的最佳品种。抗病能力较强，不易染病，对叶枯病、锈病高抗，对根腐病、茎枯病有较高的耐病性，对芦笋肩负病菌Ⅱ有免疫力。植株前期生长适中等，成年期生长势强，抽茎多、产量高、质量好、一级、二级品率可达 90%以上。成年笋每亩产量可达1 460~2 000kg。

（八）阿波罗

阿波罗（Apollo）：美国加利福尼亚芦笋种子公司选育出的生长势很强的无性 F_1 代双杂交种。嫩茎肥大适中，平均茎粗1.6cm以上、整齐、质地细嫩、纤维含量少。第一分枝高度56cm，嫩茎圆柱形，顶端微细。鳞芽包裹的非常紧密，笋尖光滑美观，在较高温度下散头率很低。嫩芽颜色深绿，笋尖鳞芽上端和笋的出土部分颜色微发紫，笋尖圆形，包裹紧密。外形与品质均佳，在国际市场上极受欢迎，使速冻出口的最佳品种。抗病能力较强，对叶枯病、锈病高抗，对根腐病、茎枯病，有较高的耐病性，对芦笋潜伏Ⅱ有免疫力。植株前期生长势适中等，成年期生长势强，抽茎多、产量高、质量好、一级、二级品率可达90%，在北方地区定植后第二年每亩产量可达400~500kg，成年笋每亩产量可达1 400~1 800kg。是目前推广的一种高产优质芦笋新品种。

（九）富兰克林

富兰克林（Franklin）：荷兰芦笋育种专家培育而成的全雄一代品种，属于中熟品种。该品种笋竹生长势比较旺盛，嫩茎比较粗大，嫩茎粗细中等，嫩茎大小比较均匀，笋条直顺，嫩茎顶部鳞片抱合紧凑，嫩茎色泽浓绿，外形美观，嫩茎的产量比较高，对根腐病、茎枯病具有较好的抗性，适应性比较强，该品种评估联合试验中表现比较优异，是近几年推广的优质高产品种，该品种既适宜白芦笋栽培又适宜绿芦笋栽培。

第二节　温室（大棚）芦笋栽培技术

一、温室（大棚）绿芦笋栽培特点

芦笋是一种高效益绿色经济作物，但露地生产的芦笋有一定的季节性，人们无法周年吃到新鲜美味的鲜芦笋。近年来世界芦笋产业都在向周年化、设施化方向发展，以便能提高芦笋产量和常年供应市场鲜品。我国北方地区芦笋生产季节短、鲜笋供应市场时间集中，仅 2~3 个月时间，不能满足日益增长的市场需求。北方地区温室（大棚）因其保温条件明显优于露地，且可以附设人工加温设施，覆膜保温时期早，植株萌芽早，采收始期一般比露地早 80~100 天，可在新年和春节期间供应市场，芦笋品质好，价值高。而且温室（大棚）生产芦笋，出笋时间可以达到 8~9 个月，产量高、利润大。但温室（大棚）栽培芦笋的环境条件，如温度、水分、空气、光照都与露地栽培有很大的差异，因此，温室绿芦笋栽培有其自己的特点。

1. 温度变幅大

收获早期日光温室（大棚）内平均温度一直处于较低的情况下，嫩茎萌生与伸长都比较缓慢，而且因为芦笋根盘休眠不充分，株丛间的鳞芽萌发很不一致，使采笋盛期，峰顶低落，收获期天数明显延长，温室内保温不好鳞芽易受冻；收获后期外界气温高，棚温就更高，嫩茎伸长加速，茎顶鳞片，容易开散，而且这时根盘贮藏养分已明显减少，嫩茎细，更促进顶头的开散现象。如措施不当，芦笋的质量和等级都会大大下降。

2. 对品种要求高

由于温室（大棚）绿芦笋收获结束季节提前，其后的有效生育期延长，这样待首批地上茎形成以后，经反复多次的萌芽生长，很容易出现株丛茎数过多，生育过茂的倾向。加之温室与露地栽培相比，温度高、湿度大、空气不易流通，生长过于繁茂的芦笋，病害、虫害很易流行。因此，在温室栽培的绿芦笋品种，要求品种抗病性要强，要比较耐高温高湿。同时，应该选择早生性强、休眠期短、产量高的品种。

3. 对水肥管理要求严

由于采收期间温室（大棚）内温度高，变化剧烈，需常通风换气，土壤水分丧失快，所以，要经常灌水，以免土壤水分供应不足。温室绿芦笋采收期长，棚内温湿条件变化剧烈，采收后的根株易衰弱，株丛生育初期茎枝长势差，对肥料的需求非常敏感，适时早施速效复壮肥，促进新茎成长，使株丛迅速复原。

二、温室（大棚）绿芦笋定植及幼苗期的管理

温室（大棚）绿芦笋幼苗定植一年四季都可进行，但以早春 4 月定植当年育成，或去年秋育的越冬大苗经济效益最高。4 月定植的大苗，如栽培管理得当，当年元旦、春节即可采笋，获得可观的经济效益。温室绿芦笋定植的密度应比露地大些，一个标准的日光温室，可定植 1 200~1 500 株（实际种植面积 0. 72 亩），行距 140cm，株距 25cm。

首先应平整地块，深耕 35cm 左右，打碎土块反复耙细搂平，做到土松、地净、面平。

然后开挖定植沟，按行距要求（140cm）开好定植沟（沟深 35~40cm，底宽 35cm，口宽 45cm），把堆厩肥与土混合均匀，施于沟底层，厚为 10~15cm，4~6m^2。然后进行土壤药剂处理，可用 50%锌硫磷1 000倍液均匀喷在沟底，在这一层上施入底化肥，每亩磷酸二铵 10kg、尿素 8kg、钾肥 5kg。最后再于化肥和土混合层上回填 15cm 左右的土，以防幼苗根部接触化肥被烧伤。回填土后浇 1 次透水，待土下沉后，再回填土到沟表面离地面 10cm 为止，即可定植。

定植前 3 天，将定植沟充足灌水，3 天后即可按株距（25cm）要求定植，在沟内挖 10cm 深小穴，将幼苗按其地下茎生长点发展的方向一致放入穴中排放成直线，以便于今后管理（如施肥、培土与采收）。一面排苗，一面覆土。覆土后浇水。

待苗成活，抽出新茎，再分期覆土，直至与畦平为止。这样，可以满足初定植的幼苗对土层氧气和土温快速上升的生态环境的要求。否则，一次覆土过深，土层供氧不足，地温上升也慢，不利于幼苗的生长发育。苗株成活后，要及时中耕除草，追施肥料，干要灌，涝要排。

三、温室（大棚）绿芦笋的幼龄期管理

芦笋定植后到可供采收前，这一生长发育阶段称作幼龄期，此期间的管理合理与否，对成年期的产量和品质关系极大。芦笋幼龄期的管理，主要有以下几点。

1. 中耕、除草和覆土

芦笋栽培行距大，幼龄期的植株小，覆盖程度低，裸露面积大，温室里土温上升快，不仅幼株生长快，各种杂草更易滋生蔓延，与芦笋幼株争水、争肥，必须及时清除。对株边和株眼草须用手拔除，行间株间杂草可结合中耕松土锄掉。芦笋幼龄生长期间，要进行多次中耕，每次灌水后，土壤容易板结，为改善通气性能，都应中耕，同时，每次结合中耕还要对种植沟进行分次覆土。覆土要注意向植株四周培细土，每次培 2~3cm 厚，直至地下茎掩埋至畦垄面下 15~20cm 深处为止。覆土还可起到抑制垄间杂草生长的作用。

入夏温度高，雨水多，或灌水施肥后，杂草滋生尤烈，土地又易板结，与此同时，幼株根系日趋发达。根群密布，根系呼吸作用旺盛，耗氧量大，因此，更要中耕松土，使土壤氧气充足，以满足根系生理机能的需要，保证芦笋正常生长发育。

2. 间作

定植当年的幼龄芦笋，株丛小，根系少而短，而行距又大。在不妨碍芦笋正常生长发育的条件下，利用行间空隙，可间作一些比芦笋矮、吸肥不多的豆科作物或蔬菜，如地豆、豌豆、胡萝

卜、叶菜等，并要求在 7—8 月采收完毕，以利芦笋发棵生长。间作物应距芦笋株丛 40~50cm，不宜靠近，间作物要本着不与芦笋争肥、争水、争光，不影响通风，不容易感染病虫害的作物为原则。这样，不仅可弥补芦笋起产前的一部分经济收入，而且还可抑制垄间杂草的滋生和蔓延。

3. 追施肥料

温室（大棚）绿芦笋在幼龄期，植株嫩茎的生长发育期比成年植株茎的生长发育期要长 60~80 天，抽发嫩茎的次数也多于成年植株，耗肥量大，因此，需要多次及时施肥，才能满足每次抽发新茎时的需要。虽然此时单位面积施肥总量少于成年期，但追肥次数却多于成年期，并且每次施肥量，应随植株成茎的增加、根盘的扩展延伸而逐渐增加。当第二次抽发嫩茎时，每亩施尿素 10kg 或复合肥 10kg。之后，一般约每隔 1 个月，抽发 1 次嫩茎，都应相应追 1 次肥，施肥量要比前 1 次递增，尿素或复合肥 5kg。植株经过多次抽发新茎，根盘渐大，地下茎生长点不断扩展，入秋更加旺盛。白露、秋分间应重施 1 次秋发肥，施量视肥力情况而定。肥力差的，一般每亩施尿素 10kg，过磷酸钙 20kg，氯化钾 15kg；或单施复合肥 25~30kg。肥力好的，施尿素 5kg，过磷酸钙 7~8kg，氯化钾 7~8kg。或以人粪尿 500~1 000kg 代替尿素；或单施复合肥 15~20kg。重施秋发肥的目的在于有利形成较大的同化器官，促使植株进行旺盛的光合作用，累积同化养分，为以后产笋奠定可靠的物质基础。

4. 灌溉和排水

幼龄芦笋根系扎得不深，也未充分发育，吸收水分能力差，需水也较少。因此，这一时期的灌溉与排水，应视情况而定。雨水少，地下水位低的地区，在干旱季节应每隔 10~15 天浇 1 次水，浇水量以能充分湿透地表以下 25cm 深的土壤为宜。此外，每次施肥后也应及时浇水，以利根系吸收肥料。雨水多，地下水位高的地区，如果不遇到大的干旱，一般不浇水。但应结合中耕疏松土壤，以便根系能充分进行呼吸作用，并从土壤中获取水分和养分。如遇上秋旱加高温，植株蒸腾作用大，同时，又值秋茎旺发时期，应不失时机的浇灌透水。否则，不仅影响秋茎抽发，而且还会导致植株早衰。

5. 植株调整与防病

温室（大棚）绿芦笋株丛有效生育期长，根株反复萌芽的次数多，株丛发育容易出现生长过茂，加之温度高、湿度大、空气流通差，很容易招致病害蔓延。因此，需要适时控制芦笋群体的增长。一般当年定植的芦笋植株，7 月底以前单株大茎数不宜超过 4 个，茎数过多，应疏删茎枝，调整植株群体，控制株丛发育进程，避免株丛生育过茂，控制病害蔓延，并要加强病虫害防治工作。

四、温室（大棚）绿芦笋棚膜设置时机及采收期管理

1. 温室（大棚）覆膜时机

温室（大棚）绿芦笋开始覆膜的时间确定很重要，要根据品种的萌芽特性、休眠长短以及温室的保温性能来确定。保温愈早，愈有利于鳞芽早萌发，但外界气温变化很不稳定，萌芽后易发生冻害。因此要求覆膜保温后，温室（大棚）内最低温度能在 5℃以上，萌芽开始以后，温室（大棚）内绝对不能出现 2℃以下低温。另外，不同的品种休眠特性不一样，要根据品种的特性，使其充分休眠后，覆膜保温。以新西兰优质绿芦笋品种特来密为例，该品种萌芽早，休眠期短，0~5℃的低温下，20 天左右即可通过休眠。根据该品种的萌芽休眠特性，可在 11 月初灭茬，拔除残茬枯茎，并进行全园中耕，施催芽肥，其后再向根株上培土 10cm 厚，接着喷洒杀菌剂、杀虫剂、除草剂。11 月中下旬覆膜，12 月中旬通过休眠，开始萌芽出笋。这时温室（大棚）内

最高温度应保持在 30～35℃，夜间最低温度保持在 10～13℃。因此温室（大棚）绿芦笋覆膜设置的时机应综合考虑株龄、前一年株丛的发育状况、品种熟性早晚和休眠深度、保温条件以及收获期间嫩茎产量和质量变化等要素，综合起来确定。

2. 采收期间的管理

采收期间根据外界气温回升情况及根株贮藏养分消耗情况，分前后 2 个阶段。前期重点是保温管理，幼茎萌生后，要预防夜间的冻害，一般在早期外界气温还较低时，晚间应被覆草苫等保温材料，特别是外界夜温低于 5℃时，万万不能大意，否则，将会出现冻害及低温所致的异常茎发生。采收后半期，因外界气温升高，温室（大棚）温升到 32℃时，要进行换气降温，此时土壤极易干燥，灌水最为重要，并且要及时正确判断采收结束期。为此，要注意观察记录采收的嫩茎数量和质量的变化。

3. 温室（大棚）温度控制

密闭温室（大棚）内的温度，在白天阳光充足时可高达 30℃以上。通常以 25℃作为棚膜开闭的标准温度。一般晴天 10：00揭膜，傍晚盖膜。寒冷天气应提早盖膜。外界平均温度在 5℃以下时，晚间要加盖草苫保温，当外界气温最低在 5℃以上时，晚间可以不必盖膜。由于每天开闭棚膜，使棚内水分散失快，土壤干燥，夜间易遭受冻害，这时要经常少量浇水，以提高保温效果。

4. 采收

嫩茎伸长需要比较高的温度，从萌芽至采收，15℃左右为 8 天，20℃以上只需 4 天。因此，早期低温产量上升极慢，但在不受冻害影响的情况下，产品的质量高，头部紧密，含糖量高。当温度达到一定范围才出现采收的高峰。相反，温度升高以后，在高温影响下，头部容易松散，风味淡薄。为提高品质，要加强换气降温管理，并要多灌水，增加每天的采割次数。同时，要及早除去过细、冻伤和其他不良茎以及残茬上的侧芽。

5. 灌水

早期灌水只需轻浇，以防霜冻为主。中期后气温升高，大棚要经常撩膜通风降温，土壤水分丧失很快，又因嫩茎长得快而多，需水量也多，因此，浇水次数和浇水量都要增加。棚的中心温度高，土壤水分丧失快，浇水量也要多些。一般每次每平方厘米的浇水量为20mL以上。浇水应在采割后的午前实施，最好浇井水。午后地温低，浇水则不利于嫩茎生长。

6. 追肥

一般采割嫩茎开始后，每隔1个月追肥1次。每次每亩施尿素或硝酸铵10~15kg，对水800~1 000倍，结合灌溉追施。

7. 换气

根据芦笋生长对温度的反应，温室（大棚）内的温度不宜超过25℃以上。一般早期当白天棚温升达25℃时，开始放风，根据天气情况适当掌握。中期晴天阳光充足，于9：00左右撩起顶膜，傍晚16：00左右放下保温，早期应提早到午后15：00左右。当外界气温超过20℃时，可卸除裙膜，并将顶膜缩狭，用卡槽卡好。

8. 收获结束期

温室（大棚）栽培开始采割期比露地早2个多月，且温室（大棚）内温度状况比较好，采收盛期出现早，收获结束时期也明显提前。由于每年气候条件变化有差异，当年和前一年株丛发育状况也不同，每年收获结束期常有不同。决定收获期的主要指标是产量和质量的变化。一般符合3级（茎粗0.96cm）以上的嫩茎在15%以下，嫩茎头部开散早，即应停止收获，否则，将不利于株丛恢复生长。

五、温室（大棚）绿芦笋采收技术

1. 温室（大棚）绿芦笋持续采收时间

温室（大棚）绿芦笋采收的时间和产量，取决于它的生长年龄和发育状态。一般 4 月定植的 F_1 代优质芦笋品种，当年 12 月就可以开始采收，视一年长势情况可采收 40～60 天，亩产可达 150～250kg，每株可收获 5～8 根。此时正是元旦、春节期间，芦笋价格极高，效益很好。芦笋到了采收季节，不采收或过早停止采收，都将影响芦笋产量。温室绿芦笋采收过度，会影响芦笋恢复生长，甚至造成笋株死亡。因此，掌握好第一次停止采收的时间是至关重要的，停止采收的最好标准是收获期芦笋嫩茎的平均重量。

在收获季节里，芦笋嫩茎的平均重量一般保持不变，但在收获季节的末期，由于储存在根中的碳水化合物的消耗以及笋尖生长所释放的能量，使芦笋平均重量减少。当快到往年的收获季节结束时，应该密切注意笋的平均重量是否减少。如笋的平均重量明显降低，这时就应结束收获期，让笋株再次进入生长阶段。测量芦笋平均重量的最简单方法是，随机选出同样长短的 200～300 根笋，然后称出笋的平均重量。

第一次收割季节的长短及产量取决于许多因素，如前一年芦笋植株的生长情况、生长季节的长度、病虫害发生及防治情况、上年降水量及灌溉情况、收获季节的温度以及一些影响芦笋植株生长的其他因素。

芦笋采收时应用采笋小刀将长约 25cm、不散头的嫩茎从地面割下，不能用剪刀或用手厥，基部不要留桩，以免侧芽萌发成为病虫害的温床。另外，直径 2mm 以下的细茎和生长弯曲的畸形茎也要及时刈除。

茎部靠近地面变成紫红色时已经失掉鲜嫩的特性，在计算长度时应当扣除。嫩茎生长速度受植物营养基础、土壤水分和温度等的影响。当平均气温达到 20℃以上时，一天约伸长 10cm。为了延长芦笋的货架期，须在早、晚低温时进行采收。采收的嫩茎应立即放在容器中用湿布盖好。采收结束后再到室内整理、扎捆、装箱和进行低温处理。

2. 预防减少温室劣质畸形笋的产生

(1) 空心笋。即芦笋嫩茎中间空心，由嫩茎中部薄壁组织（髓部）的细胞间隙崩裂、拉开所形成。空心笋多产生在较粗大的嫩茎上，按嫩茎空心大小和外部形态可分为小空心、中空心和大空心 3 种类型。造成嫩茎空心的主要原因有以下 5 点。一是低温：低温是造成芦笋空心的主要原因。温室绿芦笋在采笋前期地温较低，但白天地表温度高于地下温度，造成根系对养分和水分的吸收缓慢，而处于地表部分的嫩茎细胞分生较快，养分和水分不能满足其发育需要时，使芦笋产生空心。根据试验，当日平均气温在 15℃以下，地下 20cm 处平均温度在 16℃以下时最易产生空心笋。芦笋的空心又多出现在 1 月中旬至 3 月中旬，以 1 月下旬尤为严重。二是施肥：在采笋期间，氮肥使用过多，使芦笋嫩茎细胞组织膨胀过早、过快，中心组织跟不上周边组织的增长而造成空心。三是笋龄：笋龄越大，空心率越高。幼龄笋嫩茎较细，细胞结构紧密，出土时间较早，受低温影响小，空心笋相对减少；成龄笋出土晚，受低温的影响较大，空心率相对增多。四是土壤含水量：调查表明，温度高时，空心率与土壤表层含水量较低有关。因此，在温度较高时，如果土壤水分过少，将使空心嫩茎明显增多。五是品种差异：代优良品种空心率较低。

由此可见，温室芦笋嫩茎空心的原因比较复杂，其中，温度和湿度是主要原因。为减少嫩茎空心，首先要选用产量高、品质好、不易空心的良种。采笋前期可采用温室中盖膜增温的方法采笋。另外，应尽量保持土壤的湿度和重施有机肥。在采笋期间尽量不追施过多的氮肥等。

（2）开裂笋。嫩茎纵向开裂的叫开裂笋，由嫩茎在生长过程中土壤水分供应不均匀所致，或在采笋期久旱缺水时骤然降雨或浇水引起的。另外，土壤中缺少磷、钾肥或追施氮肥过多也易产生嫩茎开裂。防止方法是，采笋期要少施氮肥，注意氮、磷、钾肥的合理配合施用；浇水要适当，不使土壤过干或过湿，保持土壤水分对嫩茎生长的正常供给。

（3）弯曲畸形笋。造成嫩茎弯曲的主要原因是芦笋嫩茎在生长中受到硬土块、石块的挤压或划伤，不能垂直生长而向一边弯曲。如果笋垄培土紧密程度不一致或在采笋后封穴培土不实，致使笋垄软硬、坚实不一致，也会造成嫩茎遇硬而向松的一面弯曲生长。嫩茎因受虫咬或机械损伤而使养分输送受阻，也会造成嫩茎弯曲。为了防止弯曲笋的产生，培垄时应将石块拣净，硬土块拍碎，培垄要拍细培实，采笋后回填土要与周围的土松紧一致，及时防治地下害虫，采笋时避免损伤周围嫩茎等。

3. 温室（大棚）绿芦笋采收后的保鲜

控制温度对防止芦笋嫩茎质量变差和病原菌增加有重要意义。

芦笋嫩茎在它被收割后仍是一个活的实体。芦笋的呼吸比率在蔬菜和水果作物之中是最高的。因为呼吸作用是利用能量（糖）并且释放热量，则成为嫩茎质量下降的重要因素。芦笋嫩茎在1~2℃弱光低温的条件下，呼吸比率减小到最低水平，芦笋嫩茎可储存3~4个星期，外在质量没有较大变化。

把储藏温度降低到1~2℃，能减少由软腐细菌引起的芦笋嫩茎的崩溃。保持50~100mg/kg浓度的氯水或冷却水中漂洗，也可减少嫩茎中细菌的水平，在运输期间限制细菌的传播。冷却水应该是清洁的，蓄水池中的水每天要更换，泥沙要清除。

嫩茎伸长也由温度控制。如果嫩茎粗大的一端接触水分，温

伤轻，有利于壮苗早发，达到适期定植、早期丰产的目的。

1. 备足营养钵

首先选择肥力水平较高的疏松沙壤土作苗床，苗床宽 1.3~1.5m、深 10~15cm。制钵前每立方营养土应施入腐熟好的鸡粪 15~20kg，磷肥 1kg，草木灰 5kg，充分拌匀后打钵。钵体直径 8cm 以上，钵高 10cm，每亩大田需备钵2 500个。

2. 浸种催芽

芦笋种子外壳厚且有脂质，吸水较慢。首先用 50%多菌灵 300~500 倍液浸种 24 小时，再放入 25~30℃温水中浸种 2 天（48 小时），每天更换新水 2~3 次。浸种后用干净纱布包好，置于25~30℃条件下催芽，催芽期间每天用25℃左右温水淋浇1~2次。种子露白即可播种。

3. 适期播种

麦前移栽的可于 3 月上中旬播种，麦后移栽的可于 4 月上中旬播种。播种前营养钵浇透水，每钵一粒，播后覆细土 2cm 厚。然后撒施毒饵防地下害虫。最后畦面平铺地膜，畦上用弓棚盖膜实行双膜覆盖。

4. 苗床管理

苗床管理应以调节温湿度、培育壮苗、防治病虫为中心。出苗前床温白天 20~30℃，晚上不低于 12℃。70%幼苗出土时去除平铺地膜并逐步通风炼苗。当幼苗高 20cm 左右时，可采取通风不揭膜的办法，使幼苗适应外界环境。此期保持苗床湿润。幼苗瘦弱应补施苗肥，肥水结合。及时去除苗床杂草，发现蚜虫等为害及时喷药防治。

三、土壤选择与整地定植

芦笋适宜土质疏松肥沃、透气性好、土层深厚、有机质含量丰富的沙壤土，有利于根系发育和嫩茎的优质高产。酸碱度过大且黏重的淤土均不适宜芦笋生长。

芦笋是多年生作物，一经定植，土地即无法再全面耕翻。因此，在定植前结合深耕整地，亩施有机肥 3~4m^3，复合肥 50kg。耕后耙平，搞好田间灌排工程，南北纹线开挖定植沟。行距 1. 2~1. 5m，沟宽 40~50cm，深 30~40cm。移栽前沟内亩施复合肥 50kg，饼肥 40kg，有机肥 2~3m^3。均匀施入沟内并与回填土壤混合均匀。移栽时定植沟离地面 10cm 为宜。每 25~30cm 定植 1 株，亩栽 1 500~2 000 株。做到边起苗边分级，栽植、浇水、覆土等作业一次完成。壮弱苗分开定植。定植时要定向栽植，即地下茎着生鳞芽的一端要顺沟朝同一方向，排成一条直线，便于以后培土采笋。幼苗成活新茎出土后，要分期逐步填平定植沟。

四、田间管理

1. 定植当年

芦笋定植后应狠抓以养根壮株、猛促秋发为核心的田间管理工作，才能达到早期速生丰产目的。定植后因植株矮小，应及时中耕除草。如天气干旱，应适时浇水，汛期应及时排涝，严防田间积水沤根死苗。根据苗情补施苗肥 10~15kg 尿素促平衡生长。进入 8 月以后，芦笋进入秋季旺盛生长阶段。应重施秋发肥，大力促进芦笋在 8 月、9 月、10 月 3 个月迅速生长，为翌年早期丰产奠定基础。一般亩施有机肥 2~3m^3、复合肥 50kg、尿素 10kg。在距植株 40cm 处开沟条施。同时，注意防治病虫害。入冬后，芦笋地上部分开始枯萎，其植株内营养向地下根部转移，有利壮根春发高产。冬末春初的 2 月，应彻底清理地上植株，减少病害菌源。

2. 定植第二年及以后采笋年

第二年及以后的采笋年，应重点做好科学运筹三肥，留茎、适时摘心等综合防治病虫害；科学采笋 3 项工作。

（1）科学运筹三肥。三肥即催芽肥、壮笋肥和秋发肥。基本做法是：3 月结合垄间耕翻、培土施好催芽肥，亩施土杂肥 2～3m^3，芦笋专用肥 50kg。有利于鳞芽及嫩茎对无机营养需求。6 月上中旬施好壮笋肥（接力肥），亩施尿素 10～15kg，此次肥料起接力作用，可延长采笋期，提高中后期采笋量。8 月上中旬采笋结束后，结合细土平垄，要重施秋发肥，亩施土杂肥 2～3m^3，芦笋专用肥 50kg、尿素 10kg，促芦笋健壮秋发，为明年优质高产积累营养，培育多而壮的鳞芽。这种三肥配套、合理运筹的施肥模式是芦笋高产优质的基础。

芦笋生长期长，较耐旱而不耐涝渍。但在采笋期间保持土壤湿润，嫩茎生长快、品质好、产量高。此期干旱应适时灌跑马水。汛期注意排除涝渍，防高温烂根等病害发生。

（2）综合防治病虫害。芦笋茎枯病、褐斑病是为害芦笋的主要病害，发病快、为害严重。目前尚无特效药防治。实践证明，采取以农艺措施为主，辅之以加强药剂防治的综合防病虫策略，可取得事半功倍的效果，具体做法如下。

①适时摘心防倒伏：芦笋植株可达 1.5m 以上，任其生长，严重影响通风透光，且易倒伏，田间湿度大病害重。当植株达 70cm 左右时应适时摘心，有利于集中营养，促地下根茎生长。有条件可拉铁丝，确保植株不倒伏。

②清理田园：清理田园降低浸染源，是防治茎枯病的有效方法之一。2 月全面清理田间茎秆，清扫病残枝叶并集中烧毁处理。8 月上中旬采笋结束后，结合回土平垄，要彻底清理残桩和地上母茎，鳞芽盘要喷药杀菌消毒。秋发阶段，要定期摘除田间病残枝叶，可极大地减轻病害发生。

③留母茎采笋，延长采笋期：定植后第二年的新芦笋田块，只宜采收绿芦笋。一般 4 月上中旬长出的幼茎，作为母茎留在田间不采，以供养根株。以后再出的嫩茎开始采收。采收期长短据上

年秋发好坏而定，一般可采收30~50天。进入盛产期芦笋田块，5月上中旬前出生的嫩茎可全部采收。5月上中旬视出笋情况每穴留2~3根母株后，可采收至8月上中旬。采收白芦笋田块一般于5月上中旬开始留母茎，每株层留1~2根，可连续采收至8月上中旬。这种留母茎采笋不仅增加了笋农收益，而且避开了7月高温高湿天气造成的发病高峰，减少用药次数，降低成本。

④合理施肥：增施有机肥和磷钾肥，适当控制氮肥用量。可增加土壤有机质，疏松土壤，促进芦笋茎叶健壮生长，提高抗病能力。

⑤抓住有利时机，合理药剂防治：所留茎出土5~7天内，株高达20cm左右时，采用波尔多液、多菌灵等药剂涂茎。采笋结束后，结合清理残桩，要顺垄喷药保护根盘，消灭根盘及表土层内的病菌。采笋期所留母茎及秋发阶段，在及时清理病残枝叶的基础上，据天气、病情适时喷药防治，并交替用药，提高喷药质量。可选用多菌灵、甲基托布津、代森锰锌、退菌特等。虫害主要有斜纹夜蛾、甜菜夜蛾、棉铃虫、地老虎等为害。夜蛾类可用灭幼脲、农林乐等1 000倍液。防治蚜虫等可用吡虫啉液防治，地下害虫可用辛硫磷颗粒剂防治，土壤处理及敌百虫饵料防治。

五、科学采收

绿芦笋在每天8：00—10：00采收。根据商品质量要求将伸出地面20~24cm的幼茎，在土下2cm处割下，集中分级出售。

采收白笋，一般于3月25号前结合耕整施肥做好扶垄培土工作。要求土壤细碎，作成底宽60cm、高25~30cm、顶宽40cm的高垄。并达到土垄内松外紧，表面光滑。采收期每天8：00前及16：00后2次检查垄顶，发现土表龟裂，应扒开表土，用笋刀于地下茎上部采收，采收时不可损伤地下茎。采后将垄土复原拍平，白笋采后要遮阴保管，及时分级出售。

第十三章　草　莓

草莓在植物分类学上属于蔷薇科、草莓属、多年生常绿草本植物，园艺学分类属于浆果类蔬菜。由于投资少、效益好，近年发展迅速，全国栽培面积超过 10 万 hm^2，产量超过 250 万 t。

草莓浆果色泽鲜艳，芳香多汁，酸甜适口，营养丰富，属高档水果，素有“水果皇后”之美称。草莓果实中除含有糖、酸、蛋白质、粗纤维等营养物质外，还富含磷、锌、铁、钙等矿物质元素和维生素 C（抗坏血酸）、维生素 B 等。这些营养成分都是人体需要的，又容易被人体吸收，因此，营养价值很高。在日本称草莓为“活的维生素丸”。

第一节　草莓品种介绍

一、浅休眠优良新品种

1. 红颜

果实长圆锥形，鲜红色，着色一致，富有光泽，外形美观，畸形果少，果个大，一级、二级序果平均果重 20. 1g，最大果重达 58. 3g。

植株长势强，株态较直立，株高 24. 8cm，冠径 32. 1cm×34. 4cm，三出复叶，叶片大，中间小叶椭圆形，深绿色。单株抽生花序 2~4 个，单花序着花 5~9 朵，较直立，花序低于叶面，分枝较高，二歧分枝。两性花，白色。匍匐茎抽生能力较强，能二次抽生，无分枝，单株抽生匍匐径平均 6.5 个，出苗 15~40 株，繁殖能力强。

早熟品种，休眠浅，适合保护地促成栽培。保护地栽培连续结果能力强，丰产性好，平均株产 280.3g，最高株产 516.2g，亩产量2 500kg 以上。适合栽培范围较广，耐低温，但耐热、耐湿能力较差，较丰香抗白粉病和炭疽病。

2. 章姬（甜宝）

果实长圆锥形，鲜红色，富有光泽，果面平整，无棱沟，畸形果实少，果实个大，一级序果平均果重 35.0g。

植株生长势强，态直，株态直立，株高 19.6cm，冠径 32.1cm×31.5cm。叶片较大，中间小叶近圆形。单株抽生花序 2~3 个，斜生，低于叶面，花序分枝较高，二歧分枝。两性花，白色，花瓣单层。匍匐茎抽生能力强，单株抽生匍匐茎 10~14 根，繁苗容易。

早熟品种，休眠期短，打破休眠需 5℃ 以下低温 40~50 小时，适宜保护地促成栽培。丰产性好，平均株产 330.1g，最高产 583.6g，亩产量2 500kg 以上，对炭疽病抗性中等，较抗叶斑病，易感白粉病。

3. 丰香

果实短圆锥形或圆锥形，鲜红色，有光泽，果面平整无棱，果实大小整齐。一级、二级序果平均果重 16.1g，最大果重 35.0g。

植株生长势强，株态开张，株高 25.6cm，冠径 40.4cm×40.8cm，三出复叶，叶片较大，中间小叶近图形，叶片深绿色，有光泽，较厚，叶片边缘向上内卷，略呈匙状，茸毛少，缺刻较深。单株抽生花序 2~3 个，单花序 9~12 朵，花序较直立，花序梗中等粗，二歧分枝，低于或平于叶面。两性花，白色，花粉量大，花托较大。匍匐抽生能力较强，单株抽生匍匐茎平均 14.5

个，繁苗易。

4. 鬼怒甘

果实短圆锥形，红色，光泽度强，果面平整。果实较大，一级序果平均果重 25.0g，最大果重 60.0g，一级、二级序果果实形状差异较小。

植株生长势旺盛，株态较直立，株高 27.1cm，冠径 29.3cm×32.6cm。三出复叶，中间叶片长椭圆形，浓绿色，新生叶窄，叶缘扭曲，成龄叶片较大而稀，叶片较厚，叶面平展，叶面光滑，质地较软，茸毛较多，叶缘锯齿较深。单株抽生花序平均 4.1 个，单花序着花 6~12 朵，花序直立，高于叶面，着生茸毛多，二歧分枝。两性花，白色。匍匐茎抽生能力强，繁殖系数高，根系发达，几乎没有生长衰弱期，容易徒长。

中早熟品种，休眠期短，适宜保护地促成栽培。丰产性好，连续结果能力强，平均株产 250.6g，最高株产 391.8g，亩产量 2 000kg 以上。植株适应性较强，较耐高温和低温，较抗白粉病、灰霉病，易感蛇眼病。

5. 枥乙女

果实圆锥形，果面浓红色，光泽强，果面平整，果实个大，一级、二级序果平均果重 23.5g，最大果重 80.0g。

植株长势强，株态较直立，株高 20.3cm，冠径 32.7cm×31.2m。三出复叶，中间小叶近圆形，叶面平展。花序直立，低于叶面，花序梗较粗。两性花。花冠大，花托大，单株可生匍匐茎 8~10 条，繁苗 30.0 株，繁殖力强。

早熟品种，休眠浅，适于保护地促成栽培 277.4g，产量低于明宝、丰香及女峰，日光温室栽培，平均株产 27.4g，亩产量 2 000kg 以上。植株抗旱性较强，耐高能力中等，较丰香、幸香抗白粉病、灰霉病，较抗叶斑病。

二、中深休眠优良新品种

1. 全明星

果实圆锥形，鲜红色，着色均匀，光泽度强，果面平，果个较均匀，稍有果颈，畸形果少，无裂果。果实个大，一级序果平均果重 34. 8g，二级序果平均果重 20. 4g，最大果重 51. 9g。

该品种生长势强，植株较直立，株高 31. 0cm，冠径 39. 0cm×41. 0cm。三出复叶，中间小叶椭圆形，叶片较厚，深绿色，叶面革质光滑，质地较硬，叶面较平。单株抽生花序 2～4 个，花序斜生，低于叶面，分枝较高，二歧分枝。两性花，白色，单层花瓣，匍匐茎抽生能力强，能二次抽生，繁苗率高。

中晚熟品种，打破休眠需 5℃以下低温 500～600 小时，是露地和保护地半促成栽培的优良品种。丰产性好，平均株产 334. 0g，最高株产 469. 8g，亩产量2 500kg 以上。抗性强，适宜范围广，能耐高温、高湿，对枯萎病、白粉病及红中柱病的部分生理小种抗性强，对黄萎病也有一定的抗性。

2. 哈尼

果实圆锥形至楔形，果面红色至深红色，光泽较强，果面较平整，有棱沟，果尖部不易着色，常为黄绿色，果实无颈或略有果颈。果实较大，一级序果平均果重 14. 7g，二级序果平均果重 13. 2g，最大果重 45. 0g。

植株长势较强，株态较直立，株高 32. 0cm，冠径 29. 2cm×25. 1cm。三出复叶，中间小叶长圆形，叶片较厚，深绿色，叶面革质较柔软，光泽度较强，叶面状态近平。单株抽生花序 2～4 个，花序斜生，低于叶面，分枝高，二歧分枝，两性花，白色，花冠较大，单层花瓣。匍匐茎抽生能力强，繁殖系数较大。

中熟品种，适宜露地或保护地半促成栽培。丰产性好，平均株产 280. 1g，最高株产 389. 5g，亩产量2 000kg 以上。适宜范围较广，植株较耐热、耐寒，对灰霉病、白粉病、叶斑病、凋萎病抗性强，对黄萎病、红中柱病抗性弱。

三、日中性优良新品种

赛娃

果实阔圆锥形，果面鲜红色，光泽较强，较平整，有少量棱沟，果实整齐度较差，无果颈。果实个大，一级序果平均果重27.2g，二级序果平均果重15.6g，最大果重138.0g。

植株长势较强，株态直立，株高20.8cm，冠径35.1cm×35.7cm，三出复叶，叶片大，中间小叶近圆形，叶深绿色，有光泽，叶厚，质地较硬。单株抽生花序3～5个，单花序着花3～7朵，条件合适时可四季抽序、开花，花序斜生，低于叶面，分枝较低，二歧分枝。两性花，白色，单层花瓣，花冠较大。匍匐茎抽生能力较弱，繁苗较难。

赛娃为四季品种，无明显休眠期，条件适宜时陆续开花结果，丰产性好，平均产910.0g，最高株产达1250.0g，亩产量7 000kg以上。抗性较强，抗叶部病害。

四、国内选育的优良新品种

1. 红袖添香

果实长圆锥形或楔形，果面全红。果肉红色，酸甜适中，有香味。可溶性固形物含量10.5%，维生素C含量48.5mg/100g。植株生长势强，连续结果能力强。果个大，一级、二级序果平均果重为50.6g，最大果重98g。丰产性好，亩产可达3 000kg，抗白粉病，非常适合有机生产。荣获2012年全国精品草莓大赛冠军“长城杯”和金奖。适合保护地促成栽培。

2. 宁丰

果实圆锥形，果色红，光泽强，外观整齐漂亮，大小均匀一致，果实大小均匀度高于红颜，外观优于丰香。一级、二级序果平均果重为22.3g，最大果重47.7g。果肉橙红色，风味香甜浓郁，可溶性固形物含量9.2%，其风味、口感达到现主栽品种水平。果实硬度大于明宝。

适宜保护地促成栽培。在南京地区大棚促成栽培，9月上旬定植，第一花序10月中始花，11月下果实开始成熟。丰产性好，耐热、耐寒性强，抗炭疽病，较抗白粉病。该品种适应能力强，在我国南北方均可栽培。

第二节　草莓的特征特性

草莓植株矮小，呈丛状生，植株高度一般在15~35cm，植株冠径一般在20~45cm，呈匍匐或直立丛状生长，主要通过匍匐茎进行繁殖再生。一个完整的草莓植株由根、茎、叶、花、果实等器官组成。

一、根

草莓根系是由不定根组成的须根系，由初生根、侧生根和根毛组成。一个正常健壮的草莓植株大约能形成20~50条初生根，多时达100条以上，直径为1~1.5mm。

草莓根系在土壤中分布很浅，分布范围小。大部分根集中分布于0~30cm的土层内，而90%以上的根分布于0~20cm的土层内。正常植株根系横向分布一般在20~50cm，距根径中心25cm以外的根明显减少。耕地、施肥、浇水等作业深度应在根系分布区30cm左右。

二、茎

草莓的茎根据形态和功能不同可分为新茎、根状茎和匍匐茎

3 种。新茎和根状茎均属于地下茎，匍匐茎是草莓沿地面延伸的一种特殊地上茎。

1. 新茎

新茎是当年萌发或一年生的短缩茎，新茎节间密集，呈弓背形，它着生于根状茎上。新茎加长生长速度非常缓慢，年生长量仅 0. 5～2. 0cm，加粗生长较旺盛。新茎是草莓发叶、生根、长茎、形成花序的重要器官。

2. 根状茎

草莓多年生的短缩茎称为根状茎，由新茎转变而来。新茎在第二年，叶片全部枯死脱落后就变为外形似根的根状茎。因此，草莓多实行 2 年一栽制或 1 年一栽制栽培方式，以保证草莓的丰产优质。

3. 匍匐茎

匍匐茎是草莓营养繁殖的主要器官。匍匐茎的节间很长，奇数节上的腋芽一般不萌发呈休眠状态，偶数节上的腑芽可以萌发正常生长，可以长成一株匍匐茎子苗。

三、叶片

草莓的叶发生于新茎上，呈螺旋状排列，叶序为 2/5，即无论第一片叶子长在什么位置，第一片叶和第六片叶同位于一条垂直线上。草莓的叶一般为基三出复叶，具长叶柄，叶柄的基部左右各有 1 片托叶，2 片托叶苞合成托叶鞘包于新茎上。

叶片是草莓的光合作用的重要器官，光合作用适宜温度是 20～25℃，在 30℃以上或 15℃以下光合效率会下降，在栽培时要注意光照和温度对光合作用的影响。同时，草莓叶片还具有呼吸作用、蒸腾作用和吸收作用等生理功能。

四、花及花芽

1. 花的特征特性

草莓绝大多数品种的花为两性花，也有雌性花、雄能花和雄性花等。目前生产上的品种大多为完全花，完全花品种可以自花结实。

草莓在打破自然休眠后，随着日照加长、温度上升，便开始从土壤中吸收养分和水分，展叶生长。花序一般在新茎展出 3 片叶时，即在第四片托叶鞘内微露，随后花序逐渐伸出，整个花序显露。当平均气温达 10℃以上时，即开始开花。一朵花可开放 3~4 天，在这期间进行授粉受精。当花药中没有花粉粒时，花瓣即自行脱落。

2. 花芽分化

在自然条件下，我国草莓一般在 9 月或更晚开始花芽分化。北方与中部地区草莓多在 9 月中旬开始花芽分化，而南方地区草莓在 10 月上旬前后开始分化。

草莓在经过旺盛生长后，日平均气温在 5~25℃，日照时间 15.5 小时以下，经过 10~15 天即开始花芽分化。

五、果实及种子

1. 果实的形态特征与发育

草莓的果实是由花托膨大发育而成，栽培学上称为浆果。果实的形状、颜色、光泽度、果面平整度、果个大小等因品种而异，也受栽培条件的影响。草莓从开花到果实成熟，一般需 30 天左右。

2. 种子

草莓种子实际上是受精后的子房膨大形成的瘦果，俗称“种子”。种子附着在果实表面，由维管束与髓部相连。成熟种子呈红色、黄绿色或黄色，粒子，果皮（种皮）坚硬不开裂，内有1枚种子。

第三节　草莓对环境条件的要求

一、土壤

草莓适应性较强，在多种土壤中均能生长，但要获得优质高产，就必须有良好的土壤条件。草莓是浅根系植物，根系主要分布在20cm以内的表层土壤中，极少数根系可深达40cm以下土层。因此，表层土壤的结构、质地及理化特性对草莓的生长发育影响很大。草莓最适宜栽植在疏松、肥沃、透水、通气良好、地下水位不高于80cm的土壤中。

草莓适宜在酸碱度为中性或微酸性的土壤中生长，其要求pH值5.8~7，pH值在4以下或8以上时，就会出现生长发育障碍。

草莓要求有机质含量较丰富的土壤，表层土壤有机质的含量要达到1.5%~2.0%，才能生长良好。有机质低于1.0%，植株长势弱，产量低，果实品质差。所以栽种草莓之前应翻耕土地，施足基肥，这些是获得优质高产的基础。

草莓对土壤中氮、磷，钾含量有一定的要求。据日本宫本重信试验，每亩产草莓3 000kg，需要氮13kg、磷5kg、钾15kg。

二、水分

草莓根系浅，植株小，叶片大而多，蒸腾量大，而且植株整个生长期不断进行新老叶片的更替，抽生大量的匍匐茎、新茎，发育果实，这就决定了草莓对水分要求较高。

草莓的整个生长季节，土壤持水量在60%左右，便可满足其生长发育的要求。但草莓在其不同的生长发育期对水分的敏感程度不一样。一般来说，秋季定植后，外界温度尚高，因为植株蒸腾量大而又没发生多少新根，所以，为保证幼苗顺利成活，应保证水分供应，避免因缺水而造成死苗。冬季为使草莓安全越冬，不使土壤干裂，越冬前应灌足封冻水，否则会因土壤干裂而造成断根、死根。越冬后草莓开始生新根、萌芽生长，应视土壤情况适当灌水。现蕾到开花期，要保证充足的水分供应，此期土壤水量应不低于最大田间持水量的 70%，否则花期缩短，花瓣卷于花内不展开面呈现枯萎。果实大到成熟期，需水量较大，土壤持水量不应低于 80%，否则坐果率低、果个小，品质差、产量低，但是该期灌水应处理好果实膨大与烂果的关系。果实成熟期，应适当控水，以利果实成熟和顺利采收，防止果实脱落和腐烂，提高浆果质量，特别是果实的甜度和风味。

草莓虽然对水分要求较高，但也不耐涝。土壤水分过多或积水，根系吸收受阴，影响根系和植株的生长，严重时，叶片失录变黄、萎蔫、脱落，甚至整个植株死亡。土壤水分过多时，草莓抗病性降低，病害严重，果实品质变劣，烂果增多。因此，雨季或暴雨后，要注意草莓园排水，并适时中耕。

三、温度

草莓对温度的适应性较强，其生长发育期要求较凉爽的气候。但不同的品种、植株的不同部位及不同的生长发育期对温度的要求不同。草莓株生长的适宜温度为 18～23℃，春季生长如遇到-7℃的低就会受冻，-10℃时多数植株会冻死。一般在早春，早熟品种不如晚熟品种耐寒，而在初冬，晚熟品种不如早熟品种耐寒。

根系在 2℃时便开始活动，10℃时开始形成新根，根系最适生长温度为 15～20℃，初春当地温稳定在 2～5℃时，15 天以后，白色越冬的主轴根开始微量加长生长。秋季温度降低到 7～8℃时，生长减弱。冬季当土壤温度降至-8℃时，草莓根便受到伤害，-12℃会被冻死。因此，冬季冷地区，应及时采取覆盖措施，以使草莓能安全越冬。

地上部在 5℃开始萌芽，茎叶开始生长，至 15℃时为慢生长期。草莓生长光合作用的最适温度为 20～25℃，25℃以上时生长缓慢，30℃以上时生长和光合作用受到抑制；低于 5℃时地上部分便停止生长，于 3℃时老叶变红，低于 0℃老叶干缩，经-5℃左右的重霜，只留心叶越冬。生产中常用地膜其或覆盖物覆盖等措施，保持叶片绿色并安全越冬。

花芽分化要求温度不能低于 5℃，但必须低于 17℃，才能进行正常花芽分化，否则，花芽分化就会停止。花芽分化的适宜温度为 9～17℃，在-15～10℃时，花芽就会发生冻害，低于-20℃时常常被冻死。一般草莓在平均温度达到 10℃以上时开始开花，开花期适宜温度为 25～28℃，花药开裂的临界温度为 11.7℃，适宜温度为 13.8～20.6℃，花蕾抽生后遇 30℃以上高温花粉发育不良，花粉发芽的最适温度为 25～27℃，45℃时抑制花粉发芽。如果花期遇到 0℃以下低温或霜害时，可使柱头变黑，丧失受精能力，如果花期温度高于 40℃也会阻碍花粉受精，影响种子发育，导致畸形果。落花后，温度对果实的膨大、着色及成熟影响较大，果实膨大期白天适宜温度 20～25℃，夜间温度 6～8℃，较高的昼温能促进果实着色和成熟，但果实个小，采收期提早。夜温低有利于养分积累，促进果实膨大，过低的温度，果实虽然膨大但着色不良，成熟晚。在 17～30℃的范围内积温达 600℃左右可以着色成熟，一般平均气温为 20℃时需 30 天，30℃时需 20 天就可以成熟。

匍匐茎在 10℃以上的温度和 12 小时以上的长日照条件下开始发生，如果接受低温时间不够，则不发生匍匐茎，长日照越长发生匍匐茎就越多。5℃以下的低温是草莓休眠所需温度，不同的品种所需低温量有一定差异。满足所需低温量后给予-2～10℃的温度和长日照，经过20～30天便可以打破休眠，打破休眠的最适温度为2～6℃。

四、湿度

草莓生长发育要求适宜的空气湿度，具有适宜的空气湿度植株才能良好生长、开花结果，湿度过大或过小都会造成生长发育不良。露地栽培，特别是开花结果和幼果生长期，对空气湿度要求较高，若此时高温干旱，空气湿度过小，会使花及幼果干缩，此时应注意灌水或遮阴，湿度管理在保护地栽培中也处于十分重要的地位。扣棚后，日光温室内的湿度一般较室外的湿度大。通常湿度在一天中的凌晨达最大值，随着太阳升起湿度逐渐变小，12：00—14：00是一天中湿度最小的时候，傍晚太阳落下后湿度又逐渐增加。当空气湿度在40%～50%时，草莓花药的开裂率最高，花粉发芽率也最高；若空气湿度达80%以上，则花药的开裂率很低，花粉无法正常散开，而且发芽率也低。因此，在草莓开花时期，日光温室内的湿度应控制在40%～50%的范围内，以利于花粉散出和花粉发芽，整个生长期都要尽可能降低日光温室内的湿度，因为温室内湿度过大，容易发生病害，影响草莓的正常生长发育。除了通过覆盖地膜及膜下灌溉来降低温室内湿度以外，还要特别重视换气，即使在寒冷的冬季，也要在近中午时放顶风换气，这样做可以大大降低温室内的湿度。

五、光照

草莓是喜光植物，但又比较耐阴，在覆盖下越冬的叶片，仍能保持绿色，第二年春季还能继续进行正常的光合作用。在幼龄果园或葡萄园中间作，既有充足的光照，又有适当的遮阴条件，植株生长旺盛，叶片绿色深，花芽发育好，结果良好，能获得较高的产量。但是，种植在较密或大树遮阴严重的园内，由于光照不足，植株长势弱，花序柄和叶柄细长，叶片色浅，花朵小，有的甚至不能开放，果实小，风味酸，着色不良，品质差，成熟期延迟，产量低。秋季光照不足时，就会影响花芽形成，植株生长衰弱，根状茎中储存的淀粉等营养物质少，抗寒能力差，常常会引越冬死亡。促成栽培中，草莓在冬季开花时容易出现光照不足，必要时，在大棚内铺反光膜或补充光照，以促进开花结果。当然，在强烈的阳光下，草莓易受干旱和酷热危害，根系生长差，叶片变小，严重时，植株成片死亡。

光是草莓生存的重要因子，太阳辐射强度、光谱成分及日照长度影响草莓的生长发育，无光不结果。在光照中，光周期的长短对草莓生长发育的影响更为重要，草莓品种不同对光周期的反应也不一样。不同生长发育时期对光照条件的要求不同，一般品种在开花结果期和旺盛生长期，适宜 12~15 小时的长日照，花芽分化期要求 10~12 小时的短日照较低和较低的温度，16 小时以上的日照下生长旺盛，但不能形成花芽，甚至不能开花结果。草莓在花芽分化前经受短日照，在花芽分化后经受长日照处理，能进花芽的发育和开花。同时，匍匐茎的发生是在长日照条件下，温度较高时形成较多，而在低温短日照的条件下则不能形成匍匐茎，草莓的新茎往往是在日照较短、匍匐茎不能形成或日照过长花芽不能分化时形成的。

六、二氧化碳和其他气体

二氧化碳是草莓进行光合作用的主要原料。一般情况下，空气中二氧化碳浓度很低，通常在 200~300mg/L。特别是保护地栽培草莓，棚内二氧化碳的含量在一天内不断变化，下午18：00闭棚后，棚内二氧化碳逐渐增加，日出前达最高，升至

500mg/L左右，日照1h后，二氧化碳含量逐渐下降，上午9：00降至100mg/L左右，虽然经通风使棚内二氧化碳含量有所回升，但仍在300mg/L以下。因此，棚内二氧化碳含量低是影响草莓生长发育的因素之一。保护地栽培草莓时补施二氧化碳可以使草莓叶片明显增厚，叶色浓绿，果个增大，成熟提前，增产15%~20%。但二氧化含量不能过高，含量高于饱和浓度时，会造成二氧化碳气体中毒，棚内补充二氧化含量不宜超过1 600mg/L。

在加热温室里，由于煤燃烧不安全和烟道有漏洞，易产生一氧化碳和二氧化硫气体，尤其是二氧化硫气体对草莓危害很大，能使叶缘和叶脉间细胞很快致死，出现小斑点，受害重的叶片或植株黄枯。

七、其他环境因素

在草莓生产过程中，地势和大风等也影响草莓的生长和发育。微风可促进空气交换，增强蒸腾作用，改善光照条件和光合作用。微风还可消除辐射霜冻，降低地面高温，免受伤害，减少病害。同时，微风利于授粉结实。但是大风天气对草莓不利，影响光合作用，蒸腾作用加强，易发生植株干枯。

第四节　草莓栽培方式及栽培技术

一、草莓栽培方式

根据对休眠和花芽分化处理的时间和方法不同，草莓的栽培方式大体上可分为露地栽培、半促成栽培、促成栽培、抑制栽培等。目前在设施栽培中逐渐开始采用无土栽培方式。

（一）露地栽培

露地栽培为传统的草莓栽培方式，基本不考虑休眠期问题，所指的是在田间自然条件下，形成花芽、解除休眠、开花结果，不需要特殊的栽培技术和设备，越冬后第二年5—6月收获的一种栽培方式。但生产中常采用的遮雨棚遮雨，地膜覆盖越冬或盖草、粪、树叶等覆盖物防寒等，也视为露地栽培。

露地草莓栽培管理简单，省工省力，成本低，可进行规模经营，经济效益较高，容易大面积推广。露地栽培的草莓，光照充足，浆果风味好，较耐储运，果实除鲜食外主要用于加工。但露地大面积栽培草莓，由于上市期较集中，如果加工企业跟不上，不能及时收果，草莓果实耐储运性差，易造成损失。同时，露地草莓的产量也容易受到外界不良环境的影响，如花期遇到低温、越冬防寒不利、果期遇到风交雨等均能造成产量下降，浆果品质降低等。因此，大面积发展露地草莓时，应选在大城市附近或交通便利的地区以及有加工冷藏条件的地方。近年来，城郊露地观光采摘草莓备受市民的青睐，效益显著提高。

（二）促成栽培

促成栽培包括日光温室和大拱棚促成栽培，促成栽培是草莓花芽已分化，将要进入自然休眠之前，不休眠或基本不休眠，很早进行保温，人为阻止其进入休眠，让植株继续生长结果，提早采收上市的一种栽培方式。这种栽培方式成本较高，管理技术要求严格。在我国北方地区的冬季，利用日光温室进行草莓促成栽培的方式比较普遍，鲜果最早可在11月下开始上市，采收期可延长到第二年的5月，采收期长达6个月。由于鲜果上市，正值水果生产淡季，再加上双节供应，草莓鲜果单价很高，经济效益十分显著。

促成栽培的关键技术措施是促花育苗和和抑制休眠，生产中应选择休眠或较浅、形成花芽容易、花期对低温抗性强的优良草莓品种。促成栽培要求用花芽分化早、发育好的秧苗，促在成育苗方法主要有移植断根育苗、营养钵育苗、利用山间谷地育苗、遮光育苗、高冷地育苗和冷藏育苗等。抑制休眠主要采取提早保温、加温、电照或赤霉素处理等方法，也可假植育苗结合适当早定植，并在花芽分化前采取控氮、摘叶等处理，以促进秧苗提早开始花芽分化。

二、草莓栽培技术

（一）露地栽培技术

1. 品种选配及秧苗选择

在北方寒冷地区，露地栽培草莓应选择休眠期较长或长、抗寒性强、结果期集中、果实成熟较一致的优良品种；南方应选择休眠浅，耐高温、抗病性强的优良品种。如果以鲜食为主，应选择果实个大、丰产性好、甜度高、香味浓、品质优、抗病性强的品种；而以加工为主的，应选用产量高、果个中等偏小均匀整齐、果实周正、果肉红色或深红色、风味浓、易脱萼、抗病性强、耐储运等加工性状优良的草莓品种。

为增加产量和提高品质，一个主栽品种可配置 2~3 个授粉品种。主栽品种占总栽培面积的 70%左右，其余栽授粉品种。主栽品种和授粉品种相距一般不宜超过 30m。

露地栽培要选择植株完整，地病虫害，具有 4 片以上发育正常的叶片，叶色鲜灵，新茎粗在 1.2cm 以上，叶柄粗壮而不徒长，根系发达，有较多白色或乳白色须根，根长在 5cm 以上，单株鲜重在 20g 以上，中心芽饱满，顶花芽分化完成的秧苗。

2. 栽植时期及栽植密度

草莓采用一年一栽制，于秋季栽植。草莓苗的栽植密度主要取决于栽培方式、品种习性、秧苗质量管理水平及地势地力等因素。露地栽培较保护地栽培密度小些，般平畦栽培，株距 20~30cm，行距 30~40cm，亩定植 7 500株左右；高垄栽培，垄面宽 50~60cm，沟宽 30~40cm，垄面上定植两行，株距 15~20cm，小行距 20~30cm，大行距 60~70cm，亩定植 8 500株左右。长势强旺的品种、秧苗质量好、管理水平高、地力好的可以适当稀植，反之，可以适当密植。

3. 提高栽植成活率的措施

（1）根系处理。为了提高栽植成活率，草莓栽前用 5~10mg/kg 萘乙酸或萘乙酸钠药液蘸根 2~6 小时，对促进生根效果十分明显，处理过的秧苗新根发生量比不处理的秧苗增加近 1 倍，可以明显提高秧苗成活率。

（2）摘除老叶。栽苗前摘除一部分老叶，只留下 2~3 片新叶，能减少蒸腾失水。摘叶时，将过老的叶片从叶柄基部掰掉，2~3 片较老叶片不要从叶柄基部掰叶，基部要留一段叶柄，以保护根茎，有利于成活，同时，掉病残叶。

4. 肥水管理及中耕除草

（1）追肥。

①根部施肥：整个生长过程中植株吸肥大体上可分为 4 个阶段。第一个阶段是从定植到完成自然休期。定植缓苗后植株和根系生长仍较旺盛，随着气温的下降要进行花芽分化，这时定植前的基肥被大量消耗，因此，第一次追肥在花芽分化后，此次施肥以氮肥为主，亩追施复合肥 15~20kg 或尿素 7.5~10kg，不仅能促进营养生长，而且还能增加顶芽花序的花数，增强越冬能力。第二个阶段是从自然休眠解除后到植株显蕾期。随着温度的升高，植株开始较旺盛生长，养分的吸收较前一阶段增加。因此，第二次追肥应在开花前施入，在开花前追肥是保证草莓优质高产的重要措施，亩追施氮，磷、钾复合肥 10~15kg。第三个阶段是从开花到一级序果开始成熟期。随着气温和地温的升高，植株进了旺盛生长期，其吸收和消耗的养分达到高峰。因此，第三次追肥应在一级序果膨大前施入，亩施氮、磷、钾复合肥 10~15kg。第四个阶段是盛果期，即第二级、第三级序果膨大与成熟期。随

着大量果实的膨大与成熟，氮素吸收量开始下降，磷钾吸收量开始增加，其中，钾的吸收量达到最高。此次施肥以磷钾肥为主，以提高果实品质，促进植株健壮，防止植株衰弱，应亩施磷、钾10~15kg。草莓追肥的方法可采用植株两侧撒施法，也可以在离根部20cm处开沟施用或采用打孔灌入液态肥的方法。

②叶面喷肥：由于草莓根系浅，耐肥力差，常因追肥不当而出现浇根死苗现象，所以，常采用叶面喷肥的方法，喷肥是草莓园肥水管理的重要措施。草莓的叶片具有较强的吸肥能力，叶面喷肥不仅节约肥料，而且发挥肥效快。一般前期以喷尿素为主，花前可喷磷酸二氢钾和硼砂，还可根据当地的土壤情况选用微量元素肥。花前叶面喷施0.3%尿素或0.3%磷酸二氢钾3~4次，可增加单果重，改善浆果品质，使坐果率提高8%~19%。叶面喷肥宜在傍晚叶片潮湿时进行，要以喷叶背面为主。

在进行叶面喷肥时，一定要避开花期，开花期喷肥容易造成授粉不良，产生畸形果。

（2）浇水。草莓是需要水分较多的植物，对水分要求较高，一棵草梅，在整个生育期中大约需水15L，但不同生育期对土壤水分要求也不一样。主要分为：一是定值后浇水；二是灌冻水；三是早春灌水；四是花果期灌水；五是及时排除雨水。

定植水应连浇3次，确保秧苗成活；花期尽量避免浇水，结果期一定要浇小水，减少果实感染灰霉病和革腐病；大雨过后要及时排除积水，防止烂果、死苗。

5. 植株管理

草莓在生长过程中，植株管理十分重要。通常包括摘除匍匐茎、疏花疏果、垫果、摘除病老残叶等。

疏花疏果可节省养分、增大果个、促进成熟、使采收期集中，还可以防止植株早衰。一般每个花序上保留1~3级花果即可。

摘除病老残叶　草莓植株在一年中新老叶片更新频繁，在生长季节，当植株下部叶片呈水平着生，并开始变黄枯时，应及时从叶柄基部去除。

6. 草莓常见病虫害

露地栽培病虫害发生种类较多，但由于园内通风透光条件好，不像保护地栽培更易发病。露地栽培主要有褐色轮斑病、“V”形褐斑病、蛇眼病等叶部病害，草莓炭疽病、草莓枯萎病等植株病害，灰霉病、革腐病等以果实为主的病害。主要虫害有蚜虫、红蜘蛛、白粉虱、金龟子、草莓卷叶蛾等地上虫害和地老虎、蛴螬、蝼蛄等地虫害。

7. 越冬防寒、春季撤除防寒物及防春季晚霜危害

（1）越冬防寒。草莓生长至深秋，便逐渐进入休眠，叶柄变短，叶片变小，植株平长，以抵御低温的到来，同时，方便防寒覆盖。越冬覆盖时间，一般在华北地区 11 月中下旬进行，再覆盖材料以塑料地膜为主。地膜覆盖不但能使草莓安全越冬，保墒增温，而且还能使越冬苗的绿叶面积达 80%以上，春季气温一回升，就可继续生长，制造养分，能使浆果早熟 7~10 天，增产 20%左右。

覆盖地膜一般掌握在土壤“昼消夜冻”时，骤然降温来临之前抓紧进行；地膜一般选用厚度为 0. 006~0. 01mm 升温效果好的无色透明地膜。

（2）撤除防寒物。覆盖地膜越冬的地块，撤膜时间根据早春气候条件而定，温度回升的快适当早些，温度回升的慢要适当晚些。撤膜过早气温及地温较低，植株返青较慢，开花结果较晚，成熟期晚。撤膜过晚会造成徒长，且膜下开花造成授粉不良，影响产量。撤膜后及时中耕松土，提高地温并保墒，促进植株生长发育。

（3）防春季晚霜危害。春季草莓开始萌芽生长后，对低温

非常敏感，在-1℃时，植株受害轻，-3℃时则受害较重。

（二）促成栽培技术

在我国华北地区的冬季，利用日光温室（大拱棚）进行草莓促成栽培的方式比较普遍，这种栽培方式具有两大优点：一是鲜果上市早，供应期长；二是产量高，效益好。

1. 选择良种壮苗

日光温室（大拱棚）促成栽培要求品种休眠期短，易打破休眠，形成花芽容易，并且花期对低温抗性较强，抗病、早熟、优质丰产。适合促成栽培的品种有丰香、章姬、枥乙女、红颜等，为改进授粉条件，提高产和质量，每棚可栽2~3个品种。

草莓秧苗质量的好坏是草莓获得优质高产的关键。草莓促成栽培采收期早，产量高，花前生育期较短，所以，对秧苗要求更高。优质壮苗标准是：株形矮壮，侧芽少，全株重达35g以上；具有5~7片正常的叶子，叶色鲜绿，叶片大而厚，叶柄粗壮，新茎粗度1.5cm以上；须根多，有5条以上，根系长度在5cm以上，粗而白；没有病虫害，植株完整，根、茎、叶各部位没有损伤。

2. 土壤消毒及整地做垄

草莓忌重性，重茬后黄萎病、根腐病等土传病害发病严重，为了确保优质、丰产，每年在定值前要实施温室土壤消毒。目前最安全、无公害的方法是利用太阳能进行土壤消毒。

8月初平整土地，施入腐熟的优质农家肥5 000kg（可以在太阳能土壤消毒时施加，通过高温使农家肥充分腐熟）和氮、磷、钾复合肥50kg，旋耕深度30cm，采用南北向深沟高畦，畦宽50~60cm，畦宽30~40cm，沟深30~40cm，南北高畦要求直，畦面要求平整。在高畦上两边加小土埂，做成小平畦，以便于随时浇小水或追肥。

3. 适时定植和合理密度

促成栽培定值时间宜早，可在顶花序花芽分化后5~10天定值。

采用高畦定植，每畦栽两行，株距 15～20cm，行距 25～30cm，亩栽8 000～11 000株。定植时要注意定植方向，应把草莓茎的弓背朝向畦沟，将来花序抽向畦两侧，通风透光好，浆果着色好，病虫害少，品质佳，便于采摘。

4. 扣棚保温及地膜覆盖

适时扣棚保温是草莓促成栽培中的关键技术。保温适期要掌握在顶花芽分化之后，并且第一腋花芽已分化，即将进入休眠。既不能使草莓进入休眠状态，又不影响，又不影响腋花芽分化，两者兼顾的时间为保温适期。保温过早不利于花芽分化，保温过迟一旦植株进入休眠，则很难解除休眠，导致植株矮化。一般年份，北方地区保温适期在 10 月初至 10 月中下旬，此时，外界最低气温降到 8～10℃。

5. 温度、湿度调控

扣棚后，草莓生长发育对温度总的要是前期高些，后期低些。在保温开始初期，为防止植株进入休眠矮化状态，促进花芽的发育，白天 28～30℃，超过 30℃ 时要及时放风，夜间 12～15℃，最低不低于 8℃。现蕾期要求白天 25～28℃，夜间 10～12℃，夜温不宜过高，超过 13℃ 就会导致花芽退化，雌雄蕊发育受阻。开花期白天适温要求 23～25℃，夜间 8～10℃，这样既有利于开花，也有利于授粉受精，30℃ 以上高温花粉发育不良，45℃高温抑制花粉发芽。果实膨大期，为了促进果实大，减少小果率，白天保持 20～25℃，夜间 6～8℃为宜，夜温低有利于养分积累，促进果实肥大。进入采果期，白天保持 20～23℃，夜间 5～7℃即可。温室内通过放置高低温度计来正确控制温室内的温湿度。

花期温度白天控制在 23～25℃，夜晚控制在 8℃以上，最低不能低于 5℃；花期湿度控制在 40%～50%。

6. 光照管理

促成栽培即要通过保温使草莓不进入休眠，又要给予长日照条件，人为地阻止草莓进入休眠状态。

7. 水肥管理

草莓植株在日常温室中生长周期加长，对水分和肥料需要较多，因此，要充分地、不断地供给水分和养分，否则，会引起植株早衰或得病而造成减产降质。

采用滴灌，可以使植株根茎部位保持湿润，利用植株生长，而且既节约用水量又防止土壤温度过低，减少了水分蒸发，降低棚内湿度，减少病虫害。要掌握定植时浇透水，1 周内要勤浇水，覆盖地膜后以“湿而不涝，干而不旱”的浇水原则。

草莓促成栽培保温后，要进行花芽发育、显蕾、开花、结果。第一花序果实采收结束后，腋花序又抽生并开花结果，植株负担重，缺肥缺水极易造成植株早衰矮化，追肥至少进行 4～5 次。追肥时期分别为：第一次追肥是在植株顶花序现蕾时，此时追肥主要是促进顶花序生长；第二次追肥是在植株顶花序果实膨大期，此时追肥量可适当加大，施肥种类以磷、钾肥为主，有利于增大果个和提高品质；第三次追肥是在植株顶花序果实采收前期，此次追肥以钾肥为主；第四次追肥是在植株顶花序果实采收后期，以后每隔 10～15 天追肥 1 次，每次每亩施氮、磷、钾复合肥 8～10kg 为宜，并配合浇水。

8. 赤霉素处理

在草莓促成栽培中，赤霉素处理有促进生长，促进叶柄和花序抽生，打破休眠，防止植株矮化的作用。一般在保温开始以后，植株第二片新叶展开时，喷施赤霉素，休眠较深的在保温后 3 天即可处理。喷洒剂量和用量因品种而异，但促成栽培主要用休眠浅的品种，如章姬、枥乙女、红颜、甜查理等，只喷 1 次即可，剂量 5～7mg/L（1g 赤霉素对水 135～200kg），每株用量

5mL。喷时重点喷到植株的心叶部位，赤霉素用量不宜过大，否则会导致徒长，叶柄长，特别是花序梗抽薹疯长。喷赤霉素时最好选在高温时间，喷后把室温控制在30~32℃，这样几天后就可见效。

9. 植株管理

从定植到采收结束，日光温室促成栽培草莓植株的生长发育时期很长，此期间，植株一直进行着叶片和花茎的更新，为保证草莓植株处于正常的生长发育状态，具有合理的花序数，要经常进行病老残叶摘除、掰芽、匍匐茎摘除、花序整理等植株管理工作。

10. 辅助授粉

辅助授粉是保护地草莓栽培提高产量、增加果实商品率、减少无效果比例、降低畸形果数量的重要措施。目前生产上普遍使用蜜蜂辅助授粉技术。大棚内放蜜蜂数量，一般以一只蜜蜂一株草莓的比例放养，蜂箱最好在草莓开花前3~5天放入棚内，先让蜜蜂适应一下大棚内的环境条件。

11. 施用二氧化碳气肥

由于冬季日光温室放风时间短，室内严重缺乏二氧化碳，使草莓光合作用效率下降，制约了草莓产量的提高。因此，采用二氧化碳施肥对草莓促成栽培增产、增收意义重大。日光温室内日出前二氧化碳含量最高，揭帘后随着光合作用的逐渐加强，二氧化碳含量急剧下降，近中午时已经严重亏缺，放帘子后又逐渐升高。虽然，可以通过通风换气使日光温室中的二氧化碳得以补偿，但在寒冷冬季不可能总以此种方法来补偿二氧化碳，因此，人工施用二氧化碳显得尤为重要。

12. 病虫害防治

日光温室促成栽培草莓最容易发生的病害是白粉病和灰霉病，为害最重要的害虫是螨类、粉虱、蚜虫及小地老虎等地下害虫。

促成栽培中畸形果最容易发生。防治措施：合理配置授粉品种；花期进行放蜂；合理调控极室内的温湿度；避免花期喷药，其他生长期也要减少用药次数。

13. 大雪天气的管理

（1）及时清除积雪。必须及时清除草苫或棉被上的积雪。

（2）采取加温措施。白天清扫膜上的雪，增加棚体透光性，提高棚温，采取临时加热措施合理调控棚内温度，如灯泡、暖气、火炉、煤气灶等，为增温防冻可还可在在棚内扣小拱棚。

（3）改善光照。白天要注意早揭草苫增加采光，但要注意采取揭花帘的办法，不能一次性全揭，防止雪后转晴。光照过强造成草莓失水，严重时造成永久性萎蔫。

14. 大雾、连阴天天气管理

冬季经常出现阴天和大雾天气，室内温度 15℃以下，这样天气不仅限制了草莓叶片的光合作用，减少光和产量，推迟果实成熟期，如在草莓花期连续几天阴雾天气，还会大大降低草莓侍果率，产生畸形果，使果实产量下降，品质变劣，应对措施如下。

（1）连阴天尽量揭帘。连阴天的中午，只要在揭起草苫后不降温，应坚持揭草苫或棉被。可使促使植株接受散射光，增加植株对光照的适应能力，利于增产。同时，在连续长时间低温后天气突然放晴，揭苫不可过早全部拉开，尽量采取拉“花苫”的方法，即隔一苫拉一苫的做法或将自动卷帘的棉被卷起一部分，避免棚内升温过快，待草莓适应升温后再全部拉开，棚内温度过高时注意及时放风。

（2）增加人工辅助光照。可用白炽灯作光源，进行补光加热处理，每盏 100W 灯约照 7.5m^2，每天下午 17：00—22：00 补

20~30天，这时，小花直径约0.5~1cm，以后花蕾体和花茎不断发育，使花球增大。

青花菜植株高大，生长旺盛，需水较多，营养生长期缺水会使叶片变小，叶柄及节间伸长或出现先期现蕾，影响产量。花球发育期供水不足，则花球易老化，品质下降，土壤过湿又易引起花球或根腐病。

青花菜花芽分化较早，在植株6~7片叶，叶面积160cm^2，即完成花芽分化，最初为一球状物，表面为细微的突起。随着植株的生长，花球也逐渐丰满，植株达到8~9片叶，叶面积200cm^{2}时，花球则分化明显，显微镜下，可以观察到一个个小水泡似的幼小花蕾。

青花菜的叶丛是制造营养的器官，花球是营养贮藏的器官，花球的大小与增长速度和营养同化器官的大小功能有密切关系。从植株定植到花球出现前，开始是叶片不断更新，增大扩展面积，至花球开始出现仍一面增长面积，一面生长花球，至叶面积增长减缓时，则花球迅速生长、增大。这说明生长中心是变化的，在花球出现前形成较大的同化面积和较强的同化功能是提高花球产量和质量的保证。试验发现，植株的叶面积与其花球的重量成正比例，叶面积越大，花球也越重，为使花球能充分发育，必须使植株得到充分发育，强大的营养面积是获得产量高、品质好的青花菜的基础。

二、重施苗期氮肥，一促到底

充足而完全的基肥和苗肥，满足植株的营养需要，才能促进植株前期的营养生长，相对抑制其生殖生长，以在花球出现前形成较大的同化面积和较强的同化功能从而达到优质、高产的目的。由于植株的生长期短（40~60）天，重施基肥和苗肥，采取一促到底的管理方法是取得高产的重要措施之一。

结果表明：苗期重施氮肥对产量的影响最大。植株生长，尤其是前期的营养生长，需要充足的氮素供应。苗期重施氮肥能够促进植株的营养生长，使植株的同化面积迅速增长、从而获得较高的产量。因小拱棚内温度较高，施用尿素过浅易造成 NH_3 气体挥发，形成“烧苗”现象，影响植株缓苗，要注重深施。结果还显示出增施鸡粪和草木灰，也有一定增产效果。基肥的施用最好要考虑到氮、磷、钾的配合使用问题。

三、结球期的肥水管理

结球期的肥水管理对青花菜产量和质量的影响最大，是青花菜栽培的关键时期。这个时期必须满足植株对水分和营养的需求。下面是各个时期浇水、施肥的试验情况。试验结果表明：水分供应对产量和质量影响较大，在不同的时期，水分供应对现球期影响最大，其次是花球膨大前期。现球期要 2 天浇 1 水。保持土壤湿润，花球膨大前期要 3 天浇 1 水，后期也要 3～4 天浇 1 遍水。

施肥对花球产量和品质也有影响。结球期的施肥要以前期为主，氮磷配合施用，并偏重氮肥，效果为好。试验反映出，现球期施磷酸二铵的效果最显著，现球初期和花球膨大前期分别施磷酸二铵 5kg/亩和尿素 5kg/亩，效果最好。

四、叶面喷施硼肥和微肥

青花菜对硼肥的需求量较多，缺硼严重影响花球的产量和品质，微肥能够增强植株的同化功能，增强抗病、抗逆能力，达到增产的目的。从喷施硼砂和微肥的试验结果可以得出：叶面喷施硼砂和微肥对青花菜的影响很大，能够改善其品质，提高其产量。试验数据表明：以现球前期和现球期喷施的效果最显著，现球前比现球后效果好，最好能在莲座末期和现球期各喷 1 次。

五、适宜的定植密度

适宜的栽培密度是高产优质的基本条件。青花菜植株生长旺盛，株高50~70cm，开展度80~100cm，生产上要选择最适宜的栽培密度，才能取得最好的产量和效益。下面是定植密度的试验情况。

试验结果表明：一是45cm×45cm的试验密度，单株平均最重、亩产量最高，为最适宜的定植密度。二是密度越大，前期产量越低；密度较小，前期产量越高。三是在每个收获期中，密度越大，单株量越小，密度越小，单株重越大。

六、病虫害的防治

黑根病：苗期为害严重。病菌主要侵染植株根茎部靠地面部分，使病况变黑、缢缩，潮湿时可见其上有白色霉状物。植株染病后，感病部位缢缩，数天内即见叶萎蔫、干枯，继而造成整株倒地，死亡。黑根病是今年青花菜栽培中为害最严重的病害，苗床中有些轻微发生。在植株浇过缓苗水后，小拱棚内高温高湿的环境、正适于黑根病菌的生长，造成黑根病的迅速蔓延。防治方法：一是苗床应设在地势较高，排水良好的地方，选用无病新土做苗床，旧床要消毒，使用充分腐熟的粪肥。二是加强苗床管理，要看天气保温与换气，水分的补充，宜多次少洒，浇水后注意通风换气。三是床上消毒用40%五氯硝基苯与50%福美双等量混合，取8~10g混在30~40kg细土中拌匀，作为播前垫土和播后覆土，使种子夹在药土之间。四是播前用种子重量0.3%的50%福美双或65%代森锌拌种。五是植株发病时，可喷75%百菌清可湿性粉剂800倍液或铜氨混剂400倍液。注意百菌清和铜氨混剂皆为保护性药剂，因此，要以预防为主。六是实践证明，土壤施用钾肥对黑根病也有一定的防治效果。

软腐病：病菌大多由根茎叶的伤口侵入，发病部分具有臭气，腐软枯死；前期感染黑根病的植株，易从病部侵入病菌而发病。试验田前期没有软腐病发生，后期在收获主球时，形成伤口，为软腐病病菌的侵创造了条件，造成软腐病的发生。防治发生：一是实行轮作。二是注意田间排水，并防除虫害，避免操作根茎叶，以防病菌由伤口侵入传染。三是发病初期可喷施100~150mg/kg的农用链霉素。四是在收割主球时，最好在露水消失以后，以免露水珠进入植株茎内，引起感染。感染初期，可以上午割去软腐部分，使伤口在日光下愈合。

缺硼病：土壤中缺少硼元素所引起的病害。发病时植株生长不良好，心叶的叶缘向内萎缩枯干，花球发育不平，品质不佳，切开时茎部发生横裂空洞。西兰花需硼肥较多，缺硼病的发生很普遍。防治主要是增施硼肥：每亩施用1kg硼砂作基肥，或在植株莲座后期和现球期，间隔7~8天，喷施0.1%~0.5%硼砂。

菜青虫：是主要的害虫。4月下旬在田地中首次发现，以后日趋严重，要注意防治，喷药时最好加0.1%洗衣粉，增强附着性，增加药效。

七、适期收获

青花菜的适收期很短，必须适期收获。收获太早，则蕾球尚未充分发育，收量减少，收获太迟，则蕾球已松开，球面高低不平，且蕾粒粗松，甚至露出黄色花瓣，严重降低品质，而且运输力降低。

青花菜的适收期为蕾球已发育至相当大，但各小花蕾尚未松开之前。这一时期很短，所以，应每天采收，主蕾球边肥嫩的花茎25cm长切断，除去叶柄后，立即包装，运赴市场出售，外销用的在花枝分叉下5cm切断，收获宜在清晨。为保持花球鲜嫩品质，收获后的花球应装入塑料袋中在低温下贮藏，在0~1℃下可

生产已成为食用菌产业可持续发展的重要内容，这不仅是节约资源、保护环境、提高产品在国际市场竞争力、增加菇农效益的需要，更是使产品质量符合“天然、营养、保健”要求的需要。

二、栽培季节与栽培场地

（一）栽培季节

华北、华东地区按自然气候条件，可在春、秋栽培，冬季大棚、温室也可栽培，而且冬季栽培成功率高，销售价格也高，可获得较好的经济效益。

（二）栽培场地

栽培场地分室内场地和室外场地两种类型，凡是能保温保湿的场所均可栽培平菇，如闲散房屋、日光温室、塑料大棚、地下室、防空设施、山洞等场所均可利用。

1. 室内场地

利用闲散房屋，如厂房、库房、民房等均可栽培平菇，但应进行必要的改造。宜选用北房，室内最好有顶棚，地面为水泥或砖，南北要有对称窗，靠近地面要有南北对称的通风口，四壁用白灰或涂料抹光，以便消毒。

利用地下室、防空设施、山洞等场所也可栽培平菇，但这些场所一般光线和通风条件较差，栽培时应增加光线，如每 1.5m^2 可安装 1 只 60W 灯泡。

2. 室外场地

阳畦或塑料棚受外界环境条件影响较大，易升温和降温，便于通风换气，但保温效果差，适合春、秋适温季节栽培。

半地下阳畦或日光温室能充分利用太阳辐射热升温，且保温保湿性能好，受外界环境影响较小，适合早春、晚秋和冬季栽培。

三、品种选择

选用品种主要考虑品种的温度类型、出菇特点及其形态特征等。

北方选用的主要品种有平菇 2019、平菇 1500、灰平菇、平菇 2026、杂 24、白平菇和黑美平菇、黑优抗平菇等。

四、栽培料的选择与配制

（一）栽培料配方

1. 栽培料的主要原料

栽培料是平菇生长发育的物质基础。

根据平菇对营养的要求，多种农作物的秸秆皮壳均可栽培平菇，其中，棉籽壳、玉米芯作为主要原料产量较高，一些地区使用稻草、花生壳等作为栽培主料，也取得了较好效果。

我国北方玉米芯来源广泛，价格低廉，目前应用最多。

2. 栽培料的常用配方

现列举几种常用的配方如下。

棉子壳 94%、麸皮 5%、石膏粉 1%、多菌灵（50%）0. 1%。

棉子壳 90%、麸皮 5%、豆饼粉 1%、磷肥 1%、石膏粉 1%、石灰 1%、尿素 0. 2%。

玉米芯（粉碎成黄豆粒大小）93%、棉子饼粉 4%、过磷酸钙 1%、石灰 1%、石膏 1%。

玉米芯或花生壳 87%、麸皮 10%、过磷酸钙 1%、石膏粉 1%、石灰 1%、尿素 0. 3%~0. 5%。

酒糟 77%、木屑 10%、麸皮或米糠 10%、过磷酸钙 1%、石灰 1%、石膏粉 1%。

麦秸或稻草 92%、棉籽饼粉 5%、过磷酸钙 1%、石灰 1%、石膏粉 1%、尿素 0. 3%~0. 5%。

【专家提示】

栽培料的选择应根据当地资源情况来选择，另外，也要考虑栽培成本。近几年，随着棉籽皮价格的上涨，应使用其他原料来替代棉籽皮。

（二）栽培料的配制

1. 配制方法

栽培料应新鲜，无霉烂变质，先在阳光下曝晒 2~3 天，然后按配方比例称取各物质，按料水比 1∶（1.3~1.5）加水拌料，充分搅拌均匀，堆闷 2 小时后再用。

2. 注意事项

拌料时应注意以下几点。

含水量要准确。手握拌好的栽培料，指缝间有 1~2 滴水滴下，说明含水量适宜。

拌料要均匀。含量较少又可溶于水的物质，如糖、石膏、尿素、过磷酸钙、石灰等应先溶于水中，然后再拌料。

先将麦秸和稻草压扁、铡碎成 2~3cm 的小段，用 pH 值为 9~10 的石灰水浸泡 24 小时，捞出沥干，再加入其他辅料，充分拌匀。玉米芯应先粉碎成黄豆粒大小的颗粒再加水拌料。

酒糟应先充分晒干，晒干过程中要经常翻动，以利于酒糟气味挥发，然后再加水拌料。

（三）栽培料的堆积发酵

先将栽培料按料水比 1∶（1.8~2）加入 pH 值为 9~10 的石灰水拌料，充分搅拌均匀。

然后选择背风向阳、地势高燥的地方，按每平方米堆料 50kg 堆积发酵，栽培料数量少时堆成圆形堆，有利于升温发酵。

如果数量大可堆成长条形堆，麦秸和稻草因有弹性应压实，其他栽培料应根据情况压实，然后用直径 2~3cm 的木棍每隔 0.5m 距离打一个孔洞至底部，以利通气。

之后覆盖塑料薄膜保温保湿。经 1～3 天料温升至 50～60℃时保温 24 小时，然后翻堆，翻堆时要将外层料翻入内层，再按原法盖好，当温度再次升至 50～60℃时保温 24 小时，发酵结束。

发酵过程中，如果温度达不到 50℃以上，应延长发酵时间。发酵后期，为防止蝇蛆可喷敌敌畏 500～600 倍液，为防止杂菌发生，也可拌入 0.1%的多菌灵或 0.2%～0.5%的甲基托布津。

五、装袋接种

平菇可采取多种栽培方式，如畦栽、抹泥墙栽培、塑料袋栽培等。其中，塑料袋栽培法具有移动和管理方便、保温保湿性能好、栽培成功率高、产量高等优点，被广泛采用。

（一）塑料袋规格与装料量

栽培平菇选用的塑料袋大小与栽培季节有关，气温低时宜选用长而宽、气温高时宜选用窄而短的塑料袋。一般选择宽 20～24cm，长 40～45cm 的塑料袋。

每袋装干料 0.8～1.2kg，栽培袋过大将延长栽培周期，且生物效率偏低。

（二）栽培种处理与接种量

1. 栽培菌种的选择

应严格选择栽培种，检查菌种有无杂菌，菌丝生长是否正常，有无特殊的色素分泌，不正常的要淘汰。

要求菌丝生长旺盛，菌龄不可过长。

瓶装栽培种可用镊子从瓶中掏出；袋装栽培种，可用刀片将袋划开，取出菌棒，将菌种放在清洁盆中，用手掰成 1～2cm 的小块，切不可求快用手搓碎，更不能捣碎菌种，否则，将损伤菌丝，甚至使菌丝死亡。

掏取菌种应在室内或室外背阴处进行，要求环境清洁、无尘，喷洒消毒药液，操作者更应搞好个人卫生，手要用 75%的酒

（三）定期翻堆和检查杂菌

菌丝生长过程中要定期翻堆，同时，检查杂菌发生情况。前期一般 2~3 天 1 次，后期 7~8 天 1 次。如果料温过高可随时翻堆，翻堆时要上、下、内、外调换位置，有利于菌丝生长整齐。翻堆时检查杂菌，一旦发现污染，应及时拣出防治，对污染轻的栽培袋，可用浓石灰水涂抹污染处，或用注射器向患处注入 0.1%~0.2%的多菌灵药液等，经防治的栽培袋另放在较低温度下培养。如果杂菌污染严重，应及时淘汰，经灭菌后可栽培草菇，也可深埋或烧掉，不可乱放。

为防杂菌发生，特别是高温季节，培养室内可定期喷洒 0.1%~0.2%的多菌灵药液或 3%的漂白精溶液等，以降低室内杂菌基数。

（四）菌丝生长缓慢或不长的原因

正常情况下，25~30 天菌丝可长满栽培袋。如果栽培袋内菌丝不长或生长缓慢，可能有以下原因：

温度过高或过低，如温度超过 35℃，特别是超过 38℃或低于 5℃。

发生大面积杂菌污染，栽培料湿度过大或过小，通风不良或不能满足其对氧气的需要。

栽培料压得过实，栽培料 pH 值不合适。

菌种衰退或生活力弱等。

七、子实体阶段管理

此阶段是能否获得高产的重要时期。管理的重点是控制较低的温度，保持较高的湿度，加强通风换气，促进子实体的形成与生长。

（一）子实体形成阶段

当菌丝长满培养袋后，及时将菌袋移到出菇室或出菇棚重新摆放。菌袋应南北单行摆放，有床架的摆放在床架上，无床架的可就地摆放，堆高10~15层，行间留80~100cm的走道，走道应对着南北两侧的通风口。一般菌丝长满后，继续培养5~7天可自然出菇，为了尽快出菇和出菇整齐可进行催菇。方法如下。

降低温度　加大昼夜温差　将出菇室温度降到15℃左右，昼夜温差加大到8~10℃。

增加湿度　每天向出菇室空间喷雾状水2~3次，使空气相对湿度达到80%以上。

增加光线　白天揭开部分草帘或布帘，使出菇室保持较强的散射光。

催菇3~5天，菌袋的两端就可形成子实体原基（白色的菌丝团，可以分化出子实体），即出菇，这时应将袋口打开并抻直；当子实体原基分化形成幼菇时，将袋口挽起，使幼菇充分见光。

（二）子实体生长阶段

经催菇形成子实体后，要加强管理，严格控制环境条件，促进子实体生长。

1. 控制温度

出菇室温度控制在10~20℃，超过20℃，子实体生长较快，菌盖变小而菌柄伸长，降低产量与品质；温度低于10℃，子实体生长缓慢，低于5℃，子实体停止生长。

室内出菇的，可通过通风换气来调整温度，冬季出菇，出菇室应有加温设施，但不可明火加温，否则，子实体易中毒；室外出菇，可通过揭盖草帘和通风换气来控制温度，如冬季短时期温度过低，也可在棚内生火加温。

2. 保持湿度

湿度是子实体生长阶段极为重要的环境条件。出菇室的空气相对湿度应控制在85%~95%，低于85%子实体发育缓慢。每天用喷雾器向空间喷水2~3次，保持地面潮湿。

当菌盖直径达2cm以上时，可直接向子实体上喷水，但不可向子实体原基或菇蕾上喷水，否则子实体将萎缩死亡。出菇室应挂湿度计，根据湿度变化进行喷水管理。

3. 调节空气

子实体生长期间要加强通风换气。子实体生长需要大量的新鲜空气，每天要打开门窗和通风口通风1~3次，每次30~40分钟，温度较高或栽培量较大时应增加通风次数，延长通风时间。

氧气不足和二氧化碳积累过多，会出现畸形子实体，表现为菌柄细长、菌盖小或形成菌柄粗大的大肚菇，严重影响产量和品质。

4. 调节光线

子实体生长需要一定强度的散射光，一般出菇室光线掌握在能正常看书看报即可。

室外出菇的白天应揭开下部草帘透光。

（三）子实体常见畸形与形成原因

在子实体形成与生长期间，由于管理不当，环境条件不适宜，子实体不能正常生长而出现畸形。常见的有以下几种：

子实体原基分化不好，形似菜花状　形成原因主要是出菇室通气不良，二氧化碳浓度过大或农药中毒。

子实体菌盖小而皱缩，菌柄长且坚硬　形成原因主要是温度高，湿度小，通气不良。

幼菇菌柄细长，且菌盖小　形成原因主要是通风不良，光线弱。

子实体长成菌柄粗大的大肚菇　形成原因主要是温度高，通风不良和光线不足。

幼菇萎缩枯死　形成原因主要是通风不良，湿度过大或过小。

菌盖表面长有瘤状物且菌盖僵硬，菇体生长缓慢　形成原因主要是温度低，通风不良和光线不足。

菌盖呈蓝色　主要原因是由于炉火加温时产生的一氧化碳等有害气体对菇体的伤害。

（四）采收及采后管理

适宜条件下，从原基形成到子实体长成需 7～10 天。当菌盖充分展开，颜色由深转浅，下凹部分开始出现白色绒毛，尚未散发孢子时及时采收。

采收时无论大小一次采完，可两手捧住子实体旋转拧下，也可用小刀割下，不可拔取，否则会带下培养料，影响下一批菇形成。

通常平菇一次栽培可采收 4～5 批菇。每次采收后，都要清除料面的老化菌丝和幼菇、死菇，再将袋口合拢，避免栽培袋过多失水，按菌丝体阶段管理。7～10 天后可出下批菇。如果菌袋失水过多，可进行补水。批量生产时，平菇的生物学效率一般可达 150%～200%。

（五）出菇后期增产措施

1. 补水

一般前 2 批菇可自然出菇，无须补水，但 2 批菇后，往往由于培养料湿度过小不能自然出菇，可给菌袋补水。

补水常采用浸泡或注水法。具体方法是将菌袋浸入水中浸泡 12～24 小时，若浸水前用粗铁丝在料袋中央打洞，可加速吸水，缩短浸泡时间。浸好的菌袋捞出甩去多余水分，重新堆放整齐。也可用专用补水枪补水，还可以在喷雾器胶管前端安装一个带针头的铁管，将针头从菌袋两端料面插入补水。

经补水后的菌袋应达到原重的 80%～90%，或将料袋从中间掰开后，手压料面，松软但不滴水为宜。

2. 补肥

采收两批菇后，栽培料内消耗营养较多，为了提高后几批菇

第二节　桑黄栽培

一、概述

桑黄（*Phellinus igniarius*）是一种珍稀药用真菌，为担子菌亚门，层菌纲。天然桑黄生长于中国、日本、菲律宾、澳大利亚和北美等少数地方，而且往往寄生于桑树的枯木之上，子实体为多年生；木质桑黄的菌伞呈圆锥形或伞状，也有马蹄形的，表面初期有暗褐色的毛状物所覆盖，不久脱毛后呈黑褐色，其菌伞及下部为鲜黄色，这可能就是被称作桑黄的原因。由于桑黄的生长周期相当长，要长成适合药用的大小，需要 20 ~ 30 年的岁月，加上近年来掠夺性地开发，天然桑黄已濒于绝灭，而人工栽培桑黄的生物技术一直到了近几年才获得突破。

桑黄菌是目前国际公认的生物抗癌领域中效果最好的真菌，日本和韩国对其开发研究较早，已经形成规模产业，在我国少数地方有野生桑黄菌存在，但一直作为原料产品被日韩收购。在我国医学专著《神农本草经》及李时珍的《本草纲目》为代表的古代医药学典籍中已经有“桑耳”“桑黄”“桑臣”“胡孙眼”等记述。《本草纲目》记载桑黄能治血崩、血淋、脱肛泻血、带下、闭经等症。其子实体入药，味微苦，能利五脏、软坚、排毒，止血、活血，和胃止泻，民间用以治疗淋病、崩漏带下、痃癖积聚、癖软、脾虚泄泻。日本《原色日本菌类图鉴》则记载桑黄可治偏瘫一类中风病及腹痛、淋病；《神农本草经》将桑黄描述为“久服轻身不老延年”；还有解毒、提高消化系统机能的作用；民间使用则认为桑黄可以提高肝脏机能，对肝硬化有效。桑黄也因其良好的疗效而被誉为“菌中极品”。

二、桑黄生物学特性

(一) 形态特征

1. 子实体

子实体为多年生，呈马蹄形至扁半球形，无柄，硬而木质化。初期有细行，颜色黄褐色或咖啡色，以后光滑，变暗灰黑或黑色，老熟后龟裂，无皮壳，有同心环棱，管孔多层，与菌肉同色，子实层中通常有大量的锥形刚毛存在，刚毛基部膨大，顶端渐尖。

2. 菌丝体

菌丝体为二体型菌丝系统。菌丝的特征是：生长新区的菌丝壁薄，透明，有一主干，呈树状分枝，具不明显的简单分隔，直径 3.0~6.0μm，内含物丰富；气生菌丝像生长新区的菌丝，纤维菌丝或多或少具加厚的壁，微绿色到黄色到褐色，稀少分枝，无分隔，直径 1.0~3.0μm，在菌丝上有连续的不规则膨大的表皮细胞，念珠状，薄壁，偶尔呈直角分枝，内含物丰富，直径 5.0~7.0μm；基内菌丝像生长新区的菌丝；无刚毛、无厚垣孢子和晶体。

3. 菌落形态

菌落生长均很慢，生长新区锯齿状，白色，轻微升起的气生菌丝体延伸到生长区的边缘；菌落白色到微带奶油黄色、黄褐色、蜜黄色；边缘绒毛状，较老的部位为棉花状和羊毛状、毡状；生长新区反面无变化，老区反面奶油黄色到黄褐色；气味轻微或无。

(二) 生长发育的条件

1. 营养

桑黄菌是兼性寄生，但以腐生为主。具有很强的纤维素、木质素分解能力，生长需要碳、氮、矿物质元素、生长素等营养。

人工栽培中，碳源营养主要用木屑、棉籽壳、甘蔗渣、玉米芯粉等为主要原料。氮源由麦款、米糠、豆饼或者玉米粉等提供。矿物质需要钾、镁、钙、磷等，还需要少量的维生素 B，尤其是维生素 B_1。

2. 温度

桑黄属于高温型药用真菌，菌丝生长温度以 24～28℃ 为最佳，其出菇温度在 25～ 30℃，温度低于 25℃，高于 30℃ 子实体生长缓慢，甚至停止。子实体最佳生长期在春秋两季，夏季需要人工控制温度子实体方可正常生长。变温处理，如昼夜温差的刺激利于子实体的发生和生长。

3. 湿度

桑黄生长需要吸收一定的水分来进行生理活动。培养基的水分多少，对桑黄菌丝生长和子实体分化有着密切的关系。水分过少子实体不能分化，水分过多则菌丝体生长受到抑制。桑黄菌丝体生长基质适宜含水量为 65%左右，桑黄菌子实体的形成需要高湿的条件，土壤湿度达 50%～60%，空气湿度达 90%以上，有利于子实体的形成和生长。

4. 光照

桑黄生长发育不同阶段，对光照的要求也不同。菌丝可以在无光照的条件下生长，黑暗状态下菌丝生长旺盛，较强光对菌丝生长有抑制作用。子实体生长需适宜的光照，以散射光为宜，光线不足或过暗会造成子实体细小、盖薄，容易形成畸形桑黄。同时，也避免强光直射，光照太强则子实体的形成受到抑制。

5. 空气环境

桑黄是好氧腐生菌，菌丝体生长阶段及子实体发育阶段均需要充足的氧气，当通气不畅、供氧不足时，则发育缓慢或停滞，生长萎缩，颜色变黄，容易感染杂菌，还容易出现畸形桑黄。所以，在子实体生长期间必须加强通风，补充新鲜氧气以满足生长发育的需要是很重要的。

6. 酸碱度

桑黄喜欢在偏酸性的培养基上生长，在培养基 pH 值 3~7.5 范围内菌丝均能生长，最适宜的 pH 值为 5~6。pH 值在 4 以下菌丝生长细弱，不易形成菌蕾，pH 值在 8 以上，菌丝易提前老化，甚至萎缩。

三、人工栽培技术

（一）菌材的准备

1. 树种的选择

杨树、桦树、柞树、桑树等阔叶树都是栽培桑黄的良好树种，但桑树上生长的桑黄子实体入药最佳，因为桑树自身是中药材的一种，桑黄在利用桑树上的营养进行生长发育时，可以吸收桑树中的有效成分，所以，桑树桑黄优于其他树种栽培的桑黄。

2. 最佳采伐期

树木休眠后至第二年萌发前，此期树干的营养最丰富，为最佳采伐期。采伐树木主要采用砍伐枝丫材或间伐两种方式，将采伐的树木放在通风阴凉处，以免长杂菌。在使用之前，将采伐下的树木和枝丫材截成 15~20cm 长的木段，并对木段表面进行修理，有树结的地方易长杂菌，且易扎破塑料袋，因此，将其修平，去掉毛刺，避免造成生产中不必要的损失和浪费。

（二）菌种与菌棒的制备

1. 母种的制备

制备桑黄母种的培养基：桑树枝 30g，葡萄糖 30g，磷酸二氢钾 1.0g，硫酸镁 0.7g，麸皮 15 g，黄豆粉 10 g，琼脂 20g，水 1L。在无菌条件下接入桑黄菌种，在 28~30℃温度下培养。

2. 原种的制备

选干净麦粒，用热水浸泡后，装瓶进行高压灭菌，在无菌条件下接入良好的桑黄母种，于28℃的恒温室内培养。优良的桑黄菌株一般30~45天即可长满菌种瓶。由于桑黄菌株极易退化，因此，接种前一定注意选择生长旺盛的菌株，否则如使用了退化的菌株，不但生长速度慢，且易染杂菌，给生产带来不必要的损失。

3. 菌棒的制备

选用直径（17~25）cm×（40~45）cm的聚丙烯菌种袋，将锯好的木段用水浸泡后，装入聚丙烯菌种袋中，细的枝丫材扎成直径16~24cm的把，扎实，以免刺破菌种袋，粗木段直接装入菌种袋中，木段的两头填充一些麦麸和木屑的混合物，这样既利于发菌，又可避免木段断面的木刺刺破菌种袋。菌棒经灭菌后，接入优良的二级麦粒菌种。将接种后的菌棒置于25℃恒温的培养室中发菌。桑黄菌最适合的生长温度为28℃，由于桑黄菌丝生活力比较弱，菌棒发菌时间长，如将菌棒放在28℃下培养，大量的菌棒堆在发菌室中，杂菌繁殖快，菌棒极易被污染，造成浪费。因此，将菌棒放在25℃的条件下可减少污染。桑黄菌在菌棒发菌阶段，应在黑暗条件下进行，有光，菌丝很快变黄老化。空气相对湿度要求50%~60%，每天通风半小时，每隔5~7天菌棒上下翻动1次，一般经25~32天左右，菌棒便可长满菌丝。个别菌棒菌丝发育不匀，可挑出单放。桑黄菌不宜与其他药用菌、食用菌同室发菌，由于药用菌、食用菌均为好气菌，而桑黄菌生活力弱，与其他菌同室发菌，无法与其他菌竞争培养室中的氧气，造成生长速度减慢，易染杂菌。

（三）栽培场地的选择和大棚的搭建

1. 栽培场地的选择

栽培场地应选在易管理，水、电使用比较方便的地方，有树阴处、靠近水源的地势平坦及缓坡地均可。接下来整地，去除土中的石块，为了减少病虫害的发生，在菌棒下地前，在土中撒些生石灰。

2. 建造桑黄棚

桑黄栽培主要采用塑料大棚，建造合理的桑黄棚是取得桑黄高产的重要条件。根据桑黄的生物学特性，建造保温、保湿、通风良好、光线适量、排水顺畅、方便操作管理的桑黄大棚，要求桑黄棚地面清洁，墙壁光洁耐潮湿。桑黄棚大小要根据培养料多少而定。大棚上覆盖遮阳网或者覆盖草席，有利于温度的控制。如果条件允许，采用可以控温的大棚是桑黄菌高产、稳产的关键。

菌棒入棚前要严格消毒，每立方米空间用甲醛 10mL 和高锰酸钾 5g 密封熏蒸 24 小时之后使用。东北、黄淮地区利用自然温度栽培，春种以 4—5 月最佳，夏种以 9—10 月最好。

（四）出菇和栽培管理

大棚搭建好后，可以将菌棒成“品”字形或正方形埋在处理好的土中，一半埋在土中，一半露在土面上，菌袋可采用全脱袋或环割两种方式。全脱袋菌棒易干，应在菌棒上方盖一些保湿效果好的湿沙，环割一般保湿效果好。也可以采用室内层架结构进行栽培。

桑黄菌的出菇管理与灵芝等药用真菌基本一致，主要包括温度、湿度、光照、通气、除草、防杂菌等几个方面。但具体管理上又存在差异。由于桑黄菌生活力比较弱，因此管理上应细心、认真，做到随时出现问题随时解决。

1. 温度管理

桑黄属于高温型药用真菌，其出菇温度在 25~30℃，温度低于 25℃或高于 30℃子实体生长缓慢甚至停止。子实体最佳生长期在春秋两季，夏季需要人工控制温度，子实体才可以正常生长。采取变温处理，如昼夜温差的刺激利于子实体的发生和生长。

在进行桑黄栽培时，夏季高温季节，桑黄菌生长停止。为了提高桑黄的产量，早春、晚秋季节，将遮阳网放在棚内，既可遮阳，又利于棚内温度提高；菌棒发菌快，做到增产、增收。夏季高温季节，将遮阳网放在棚外，在遮阳的同时起到降温的作用。

2. 湿度管理

桑黄菌子实体的形成需要高湿的条件，土壤湿度达 50%～60%，空气湿度达 90%以上，有利于子实体的形成和生长。甚至将桑黄菌棒的一端浸泡在水上，菌棒顶部同样会有桑黄子实体形成和生长。但切忌把水直接喷到子实体上，以免导致菌体霉烂。

3. 光照

桑黄子实体的发生需要有一定的光照，子实体发生期的光照应适宜。光照太强，一方面子实体的形成受到抑制；另一方面棚内温度升高，也抑制子实体的生长。一般棚内光的透射率以 10%左右为佳。

4. 通气

桑黄菌与其他药用真菌一样，通气是子实体形成的重要环节，氧气不足子实体生长受到抑制，子实体颜色由亮黄色变为暗黄色。每天早晚通风换气各 1～2 小时，特殊情况还应具体分析，若温度低于 20℃，通风可在中午进行。如棚内温度高达 30℃时，除喷雾降温外，也可以通风换气的方式降温。通风不良易长畸形桑黄，出现畸芽要及时割掉。

当菌盖颜色由白变浅黄再变成黄褐色，菌盖边缘白色基本消失，边缘变黄，菌盖开始革质化，背面弹射出黄褐色的雾状型孢子时，表明桑黄子实体已成熟，即可及时采收。

采收后的桑黄子实体可先在太阳下晾晒，然后在烘房内以 50～60℃的温度烘干。烘干时要加强通气，防止闷热而霉烂，使水分控制在 12%左右为宜。烘干后的桑黄要及时装入防潮性能好的大塑料袋内密封贮藏，并要随时检查防霉防蛀。

主要参考文献

陈秀香，胡久义，任玉国. 2016. 设施蔬菜栽培实用技术［D］. 北京：中国农业科学技术出版社.

巩风田，侯伟，张中华. 2017. 现代蔬菜瓜类作物生产技术［D］. 北京：中国农业科学技术出版社.

刘世琦. 2017. 蔬菜栽培实用技术［D］. 北京：金盾出版社.

山东农业大学. 1984. 第 2 版. 蔬菜栽培学各论（北方本）［M］. 北京：农业出版社.

许雪莉，杨俊. 2016. 蔬菜栽培实用技术［D］. 北京：中国农业科学技术出版社.

浙江农业大学. 1984. 第 2 版. 蔬菜栽培学总论［M］. 北京：农业出版社.